光学扫描全息（含 MATLAB）

Optical Scanning Holography with MATLAB®

〔美〕潘定中（Ting-Chung Poon） 著

张亚萍 许 蔚 刘 燕 译

科 学 出 版 社

北 京

内 容 简 介

本书译自美国弗吉尼亚理工大学潘定中教授所著 *Optical Scanning Holography with MATLAB®*一书。该书简明扼要地梳理了傅里叶光学和波动光学的基础知识，重点阐述了光学扫描全息的理论和应用，并用 MATLAB 进行数学建模和应用分析。

本书所涵盖的内容适用于傅里叶光学、光学扫描成像和全息术相关课程，可作为光电专业的高年级本科生和相关专业的研究生参考用书，也可供相关领域的研究人员或工程师参考。

图书在版编目（CIP）数据

光学扫描全息：含 MATLAB/（美）潘定中（Ting-Chung Poon）著；张亚萍，许蔚，刘燕译. —北京：科学出版社，2023.10（2025.1 重印）

书名原文：Optical Scanning Holography with MATLAB®

ISBN 978-7-03-074881-2

Ⅰ. ①光… Ⅱ. ①潘… ②张… ③许… ④刘… Ⅲ. ①光学扫描器 Ⅳ. ①TN214

中国国家版本馆 CIP 数据核字（2023）第 029424 号

责任编辑：叶苏苏 / 责任校对：彭 映
责任印制：罗 科 / 封面设计：义和文创

科 学 出 版 社 出版
北京东黄城根北街 16 号
邮政编码：100717
http://www.sciencep.com
四川青于蓝文化传播有限责任公司印刷
科学出版社发行 各地新华书店经销

*

2023 年 10 月第 一 版 开本：787×1092 1/16
2025 年 1 月第二次印刷 印张：7 1/2
字数：183 000

定价：99.00 元

（如有印装质量问题，我社负责调换）

致　谢

此书　谨致

伊丽莎（Eliza），1980，艾奥瓦大学，硕士

克里斯蒂娜（Christina），2004，康奈尔大学，学士

贾斯廷（Justine），2007，弗吉尼亚理工大学，学士

作　　者

Ting-Chung Poon 潘定中

Bradley Department of Electrical and Computer Engineering

电气与计算机工程系

Virginia Tech

弗吉尼亚理工大学

E-mail：tcpoon@vt.edu

潘定中（Ting-Chung Poon）博士在艾奥瓦城（Iowa City）的艾奥瓦大学（University of Iowa）获得物理和工程博士学位，是弗吉尼亚理工大学布拉德利（Bradley）电气与计算机工程系的教授。目前主要研究方向为声光学、光/电/数字相交叉的三维图像处理，光学扫描全息术及其在三维加密、三维显示、三维显微、三维光学遥感和三维模式识别的应用。潘博士是《工程光学（含 MATLAB）》[*Engineering Optics with MATLAB*®（世界科学，2006）]、《当代光学图像处理（含 MATLAB）》[*Contemporary Optical Image Processing with MATLAB*®（Elsevier，2001）]及《应用光学原理》[*Principles of Applied Optics*（McGraw-Hill，1991）]教材的合著者，同时也是《数字全息与三维显示》[*Digital Holography and Three-Dimensional Display*（Springer，2006）]的编辑，曾担任美国国立卫生研究院和美国国家科学基金会小组成员，《国际光电子》（*International Journal of Optoelectronics*）与《光学工程》（*Optical Engineering*）等期刊的客座编辑，目前是《应用光学》（*Applied Optics*）和《国际光机电一体化杂志》（*the International Journal of Optomechatronics*）的专题/副主编，《光学与激光技术》（*Optics and Laser Technology*）和《全息与散斑杂志》（*Journal of Holography and Speckle*）的编委会委员，美国光学学会（The Optical Society of America，OSA）和国际光学工程学会（Society of Photo-Optical Instrumentation Engineers，SPIE）会士，电气与电子工程师协会（Institute of Electrical and Electronics Engineers，IEEE）高级会员。

译 者 序

翻译本书的最初想法源于译者张亚萍教授在弗吉尼亚理工大学做访问学者期间需要准备的一门类似信息光学的研究生课程，在大量的参考书籍中，*Optical Scanning Holography with MATLAB*®这本书给了她极大的帮助，该书内容精练，重点突出又清晰扼要，因此回国后分享给了她的研究生们，学生们一致认为该书的阐述方式能够帮助他们梳理信息光学中的大量理论，重点内容取舍得当，尤其是对光学扫描全息理论和方法的介绍，容易理解且可操作性强，大量的应用实例和 MATLAB 仿真分析可让学生快速地掌握其理论并进行具体研究。于是，在许蔚老师和刘燕老师的支持与合作下，本译著得以呈现。希望通过对本书的学习，读者能快速了解数字全息领域的重点知识及光学扫描全息的理论和方法。

本书注重理论与实践的结合，体系严谨，叙述简洁清晰，内容由浅入深，便于自学。书中给出的实例均附有相应的 MATLAB 代码，可直接运行，也可修改参数并进行结果分析，从而更深入地理解相关理论。

考虑到本学科内容的广泛性及其专业基础知识的重要地位，本书作为一个整体，清晰地梳理了傅里叶光学和波动光学的基本理论及其重要的知识点，全面而重点地阐述了光学扫描全息的基本体系，包含原理、应用及其发展等扩展知识面的内容。全书共分五章，第 1 章主要介绍傅里叶光学中的数学背景知识。第 2 章主要为波动光学及全息术理论。第 3 章详细阐述光学扫描全息的原理。第 4 章和第 5 章介绍光学扫描全息术的应用及其进展。译著内容为译者合作完成，由刘燕和许蔚完成校对工作，最后由张亚萍完成全文定稿。

本书的研究工作得到了国家自然科学基金项目：面向三维目标识别的光学扫描技术研究（项目编号：62275113）和面向全息三维显示的氧化石墨烯聚合物全息特性研究（项目编号：61865007）的资助，本书的出版也得到了云南省“教学名师”和“兴滇人才”计划项目的支持。感谢 Ting-Chung Poon（潘定中）教授对本书中文版的出版给予的大力支持和指导，感谢云南省现代信息光学重点实验室博士生姚勇伟、硕士生张竟原、范厚鑫、曹文昊、段继潞等对书中公式、图表所做的编辑工作。感谢科学出版社叶苏苏编辑在本书翻译过程中给予的帮助与合作。感谢家人给予的支持与关爱。

张亚萍　许　蔚　刘　燕

2023 年 4 月

前　言

本书的出版有两个目的：第一，简要介绍有关傅里叶光学和全息的必要数学背景和波动光学理论；第二，系统介绍一种电子（或数字）全息术——光学扫描全息术（optical scanning holography，OSH），并为其提供利用 MATLAB 进行理论建模和应用的经验。

《光学扫描全息（含 MATLAB）》（*Optical Scanning Holography with MATLAB®*）的内容包含教程（书中贯穿了众多 MATLAB 的例子）、研究材料和一些新的想法和见解，适合在傅里叶光学、光学扫描成像和全息领域工作的工程及物理类专业学生、科学家和工程师参考使用。本书内容完备，涵盖了光学扫描全息术的基本原理。因此，本书在未来将具有重要的价值。本书面向工程和物理领域的本科四年级和研究生一年级水平的学生，包含傅里叶光学、光学扫描成像和全息术等一个学期的课程内容。

光学扫描全息术是一门非常尖端的技术，它含有多方面的应用。它是一种基于主动光学外差扫描的实时（或动态）全息记录技术，是电子全息术中相对较新的领域，对科学和技术中的许多新应用具有潜在的引领作用，如加密、三维显示、扫描全息显微、三维模式识别和三维光学遥感等。

本书的主要目的是以读者感觉良好的方式向他们介绍光学扫描全息术，使读者能够充分地进行自我学习和探索，以鼓励他们搭建自己的装置以创造新颖的有关光学扫描全息术的应用。光学扫描全息术通常是一种简单而强大的三维成像技术，希望本书能够进一步推动光学扫描全息术的研究及其各种新应用的发展。

在中国台湾中央大学光学科学研究所（Institute of Optical Sciences，IOS）（现在的光学与光子学系）和日本大学（Nihon University）电子与计算机科学系两处讲座中，本书的一些内容已被介绍，同时也被梳理为作者在美国国际光学工程协会（Society of Photo-Optical Instrumentation Engineers，SPIE）西部光电展（Photonics West）所开设的名为“光学扫描全息”的短期课程。本书是作者在日本大学担任客座教授期间完成的。借此机会感谢东道主吉川浩（Hiroshi Yoshikawa）教授的热情款待，并感谢他安排了宽敞的办公室，让作者能够专注于本书最后阶段的创作。同时，也感谢中国台湾中央大学的游汉辉（Hon-Fai Yau）教授，是他给了一些早期的机会（当时本书还处于初期阶段），使作者能够在光学科学研究所“预演”光学扫描全息术讲座。

感谢我的妻子伊丽莎（Eliza）及我的孩子克里斯蒂娜（Christina）和贾斯廷（Justine），感谢她们的鼓励、耐心和爱，这本书是献给她们的。此外，还要感谢克里斯蒂娜阅读了本书的初稿，并提出改进意见和建议。

目　　录

第 1 章　数学背景及线性系统

1.1　傅里叶变换

电气工程中，大家关心的是信号作为时间的函数即 $f(t)$，而此处所讨论的信号是电压或电流。$f(t)$ 的正向时间傅里叶变换（Fourier transform）为

$$\mathcal{F}\{f(t)\}=F(\omega)=\int_{-\infty}^{\infty}f(t)\exp(-\mathrm{j}\omega t)\mathrm{d}t, \tag{1.1.1a}$$

这里，所变换的变量为时间 t [s]和时间角频率 ω [rad/s]。式(1.1.1a)中，$\mathrm{j}=\sqrt{-1}$，其逆傅里叶变换为

$$\mathcal{F}^{-1}\{F(\omega)\}=f(t)=\frac{1}{2\pi}\int_{-\infty}^{\infty}F(\omega)\exp(\mathrm{j}\omega t)\mathrm{d}\omega. \tag{1.1.1b}$$

但在光学中，大家感兴趣的是处理二维（2-D）信号，例如，某平面上空间变量为 x 和 y 的图像或电磁/光场的横向分布。因此，一个信号 $f(x,y)$ 的二维空间傅里叶变换可由下式（Banerjee and Poon，1991；Poon and Banerjee，2001）[①]给出，即

$$\mathcal{F}_{xy}\{f(x,y)\}=F(k_x,k_y)=\int_{-\infty}^{\infty}\int_{-\infty}^{\infty}f(x,y)\exp(\mathrm{j}k_x x+\mathrm{j}k_y y)\mathrm{d}x\mathrm{d}y. \tag{1.1.2a}$$

其逆傅里叶变换为

$$\mathcal{F}_{xy}^{-1}\{F(k_x,k_y)\}=f(x,y)=\frac{1}{4\pi^2}\int_{-\infty}^{\infty}\int_{-\infty}^{\infty}F(k_x,k_y)\exp(-\mathrm{j}k_x x-\mathrm{j}k_y y)\mathrm{d}k_x\mathrm{d}k_y, \tag{1.1.2b}$$

式中，所变换的变量为空间变量 x、y [m]及空间角频率 k_x、k_y [rad/m]；$f(x,y)$ 和 $F(k_x,k_y)$ 为一个傅里叶变换对，可用符号表示为

$$f(x,y)\Leftrightarrow F(k_x,k_y).$$

从中可以发现，对正变换和逆变换的定义[式(1.1.2a)和式(1.1.2b)]与工程上对行波的约定一致，在《应用光学原理》（*Principles of Applied Optics*）（Banerjee and Poon，1991）中已给出解释。二维傅里叶变换的常见性质和例子见表 1.1。

表 1.1　二维傅里叶变换的性质和例子

(x,y) 的函数	(k_x,k_y) 的傅里叶变换频谱函数
1. $f(x,y)$	$F(k_x,k_y)$
2. $f(x-x_0,y-y_0)$	$F(k_x,k_y)\exp\left[\mathrm{j}k_x x_0+\mathrm{j}k_y y_0\right]$
3. $f(ax,by)$;(a,b为复常数)	$\frac{1}{\lvert ab\rvert}F\left(\frac{k_x}{a},\frac{k_y}{b}\right)$
4. $f^*(x,y)$	$F^*(-k_x,-k_y)$

① 本书文献序号及文献信息同原著一致，未做修改。

续表

(x,y) 的函数	(k_x,k_y) 的傅里叶变换频谱函数
5. $\partial f(x,y)/\partial x$	$-\mathrm{j}k_xF(k_x,k_y)$
6. $\partial^2 f(x,y)/\partial x\partial y$	$-k_xk_yF(k_x,k_y)$
7. $\delta(x,y)=\frac{1}{4\pi^2}\int_{-\infty}^{\infty}\int_{-\infty}^{\infty}\mathrm{e}^{\pm\mathrm{j}k_xx\pm\mathrm{j}k_yy}\mathrm{d}k_x\mathrm{d}k_y$	1
8. 1	$4\pi^2\delta(k_x,k_y)$
9. 矩形函数 $\mathrm{rect}(x,y)=\mathrm{rect}(x)\mathrm{rect}(y)$ 其中, $\mathrm{rect}(x)=\begin{pmatrix}1,\lvert x\rvert<1/2\\0,其他\end{pmatrix}$	sinc 函数 $\mathrm{sinc}\left(\frac{k_x}{2\pi},\frac{k_y}{2\pi}\right)=\mathrm{sinc}\left(\frac{k_x}{2\pi}\right)\mathrm{sinc}\left(\frac{k_y}{2\pi}\right)$ 其中， $\mathrm{sinc}(x)=\frac{\sin(\pi x)}{\pi x}$
10. 高斯函数（Gaussian function） $\exp\left[-\alpha(x^2+y^2)\right]$	高斯函数 $\frac{\pi}{\alpha}\exp\left[-\frac{{k_x}^2+{k_y}^2}{4a}\right]$

例 1.1　rect(x,y) 的傅里叶变换及其 MATLAB 程序

一维矩形函数或简单的 rect 函数（rect function）——rect(x/a) 可用下式表示：

$$\mathrm{rect}(x/a)=\begin{cases}1,\lvert x\rvert<a/2\\0,其他\end{cases},\tag{1.1.3a}$$

式中，a 为函数的宽。该函数如图 1.1(a)所示，其二维形式可表示为

$$\mathrm{rect}(x/a,y/b)=\mathrm{rect}(x/a)\mathrm{rect}(y/b).\tag{1.1.3b}$$

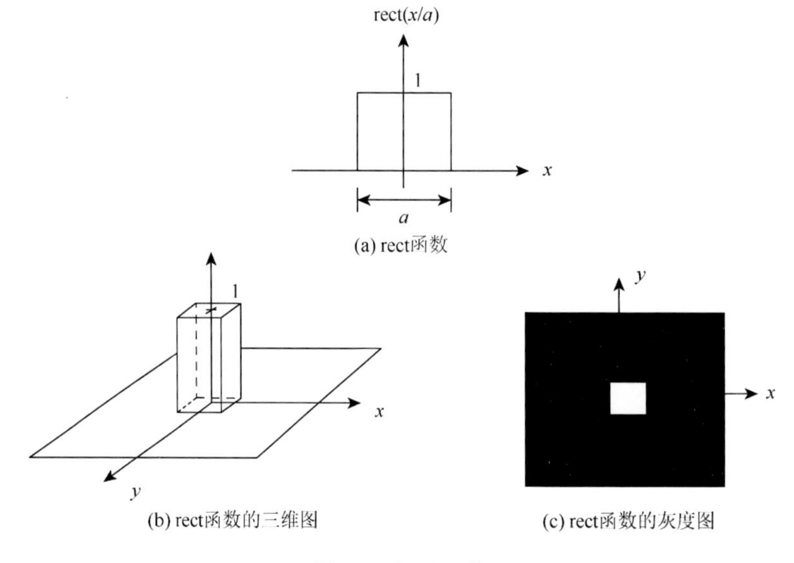

图 1.1　矩形函数

图 1.1(b)和图 1.1(c)给出了该函数的三维图和灰度图。在其灰度图中，假设振幅为 1 时为“白色”，振幅为 0 时为“黑色”，由式(1.1.3b)的定义可得到白色区域的面积为 $a\times b$。

为了求二维矩形函数的傅里叶变换，只需通过 $f(x,y)=\mathrm{rect}(x/a,y/b)$ 来计算由式(1.1.2a)给出的积分。因此，可以写出

$$\mathcal{F}_{xy}\{f(x,y)\}=\mathcal{F}_{xy}\left\{\mathrm{rect}\left(\frac{x}{a},\frac{y}{b}\right)\right\}=\int_{-\infty}^{\infty}\int_{-\infty}^{\infty}\mathrm{rect}\left(\frac{x}{a},\frac{y}{b}\right)\exp(\mathrm{j}k_x x+\mathrm{j}k_y y)\mathrm{d}x\mathrm{d}y. \tag{1.1.4}$$

由于 $\mathrm{rect}(x/a,y/b)$ 是一个可分离变量函数（separable function）[式(1.1.3b)]，所以可将式(1.1.4)重新写为

$$\begin{aligned}\mathcal{F}_{xy}\left\{\mathrm{rect}\left(\frac{x}{a},\frac{y}{b}\right)\right\}&=\int_{-\infty}^{\infty}\mathrm{rect}\left(\frac{x}{a}\right)\exp(\mathrm{j}k_x x)\mathrm{d}x\times\int_{-\infty}^{\infty}\mathrm{rect}\left(\frac{y}{b}\right)\exp(\mathrm{j}k_y y)\mathrm{d}y\\&=\int_{-\frac{a}{2}}^{\frac{a}{2}}1\exp(\mathrm{j}k_x x)\mathrm{d}x\times\int_{-\frac{b}{2}}^{\frac{b}{2}}1\exp(\mathrm{j}k_y y)\mathrm{d}y.\end{aligned} \tag{1.1.5}$$

上式最后一步利用了式(1.1.3a)所给的矩形函数的定义。现在来求式(1.1.5)。因为

$$\int\exp(cx)\mathrm{d}x=\frac{1}{c}\exp(cx). \tag{1.1.6}$$

所以，

$$\int_{-\frac{a}{2}}^{\frac{a}{2}}1\exp(\mathrm{j}k_x x)\mathrm{d}x=a\,\mathrm{sinc}\left(\frac{ak_x}{2\pi}\right), \tag{1.1.7}$$

式中，$\mathrm{sinc}(x)=\dfrac{\sin\pi x}{\pi x}$ 被定义为 sinc 函数（sinc function）。表 1.2 给出了绘制 sinc 函数的 m-文件，其输出如图 1.2 所示。从图中可以看出，sinc 函数的零点在 $x=\pm1,\pm2,\pm3\cdots\cdots$。

表 1.2　Plot_sinc.m：绘制 sinc 函数的 m-文件

```
%Plot_sinc.m
Plotting of sinc(x)function
x=-5.5:0.01:5.5;
sinc=sin(pi*x)./(pi*x);
plot(x,sinc)
axis([-5.5 5.5 -0.3 1.1])
grid on
xlabel('x')
ylabel('sinc(x)')
```

为了确定矩形函数傅里叶变换的初始问题，利用式(1.1.7)的结果，则式(1.1.5)变为

$$\mathcal{F}_{xy}\left\{\mathrm{rect}\left(\frac{x}{a},\frac{y}{b}\right)\right\}=ab\,\mathrm{sinc}\left(\frac{ak_x}{2\pi}\right)\mathrm{sinc}\left(\frac{bk_y}{2\pi}\right)=ab\,\mathrm{sinc}\left(\frac{ak_x}{2\pi},\frac{bk_y}{2\pi}\right). \tag{1.1.8a}$$

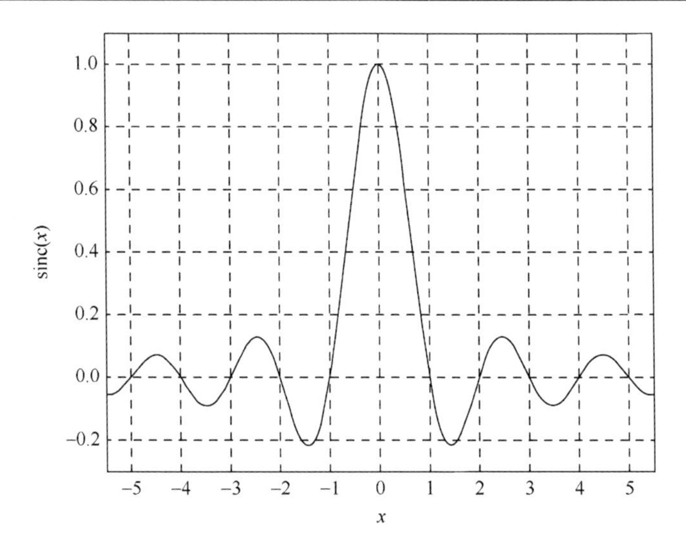

图 1.2　sinc 函数

因此，可以写出

$$\mathrm{rect}\left(\frac{x}{a},\frac{y}{b}\right)\Leftrightarrow ab\,\mathrm{sinc}\left(\frac{ak_x}{2\pi},\frac{bk_y}{2\pi}\right).\tag{1.1.8b}$$

从中可以发现，当 rect 函数沿 x 方向的宽度为 a 时，沿 k_x 的第一个零点在 $k_{x,0}=2\pi/a$ 处。图 1.3 为式(1.1.8b) 的变换对，其中上半部分图示为二维灰度图，下半部分图示为水平横轴穿过上部分图中心时的线迹。这些图由表 1.3 中的 m-文件生成，其中 $M=11$。对于 $M=11$，$a=0.0429$ 个长度单位，第一个零点在 $k_{x,0}=146.23\,\mathrm{rad}/$（单位长度）处。注意，$x$-$y$ 平面上的显示区域已经按比例缩放为 1 个单位长度乘以 1 个单位长度。

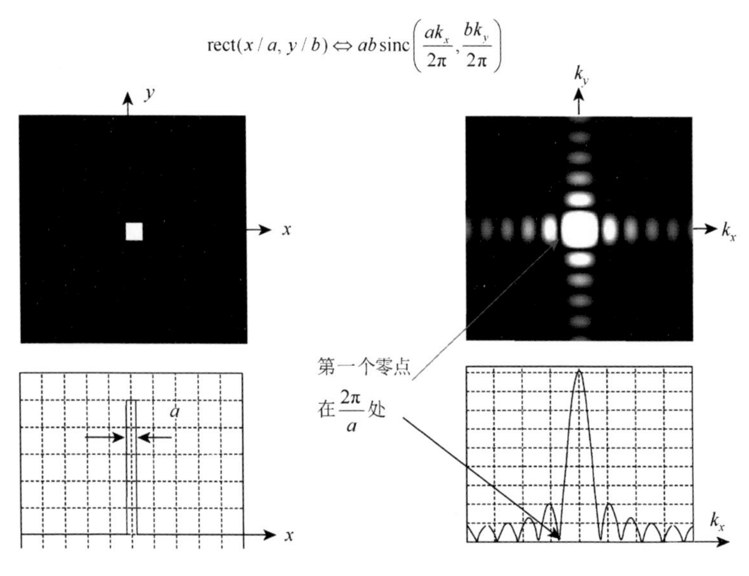

图 1.3　矩形函数及其傅里叶变换

表 1.3　ff2Drect.m：rect($x/a, y/b$) 的二维傅里叶变换所对应的 m-文件

```
%fft2Drect.m %Simulation of Fourier transformation of a 2-D rect function
%
Clear
L=1; %display area is L by L, L has unit of length
N=256; % number of sampling points
dx=L/(N-1); % dx : step size
% Create square image, M by M square, rect(x/a,y/a), M=odd number
M=input ('M (size of rect(x/a,y/a), enter odd numbers from 3-33)=');
a=M/256;
kx0=2*pi/a;
sprintf('a = %0.5g[unit of length]',a)
sprintf('kx0 (first zero)= %0.5g[radian/unit of length]',kx0)
R=zeros(256); %assign a matrix (256x256) of zeros
r=ones(M); % assign a matrix (MxM) of ones
n=(M-1)/2;
R(128-n:128+n,128-n:128+n)=r;
%End of creating square input image M by M
%Axis Scaling
for k=1:256
X(k)=1/255*(k-1)-L/2;
Y(k)=1/255*(k-1)-L/2;
%Kx=(2*pi*k)/((N-1)*dx)
%in our case, N=256, dx=1/255
Kx(k)=(2*pi*(k-1))/((N-1)*dx)-((2*pi*(256-1))/((N-1)*dx))/2;
Ky(k)=(2*pi*(k-1))/((N-1)*dx)-((2*pi*(256-1))/((N-1)*dx))/2;
end
%Image of the rect function
figure(1)
image(X+dx/2,Y+dx/2,255*R);
title('rect function: gray-scale plot')
xlabel('x')
ylabel('y')
colormap(gray(256));
axis square
%Computing Fourier transform
FR=(1/256)^2*fft2(R);
FR=fftshift(FR);
% plot of cross-section of rect function
figure(2)
plot(X+dx/2,R(:,127))
title('rect function: cross-section plot')
xlabel('x')
ylabel('rect(x/a)')
grid
axis([-0.5 0.5 -0.1 1.2])
%Centering the axis and plot of cross-section of transform along kx
figure(3)
plot(Kx-pi/(dx*(N-1)),10*abs(FR(:,127)))
title('Square-absolute value of Fourier transform of rect function: cross-section plot')
xlabel('kx')
ylabel('|a*b*sinc(a*kx/2pi)|')
axis([-800 800 0 max(max(abs(FR)))*10.1])
grid
%Mesh the Fourier transformation
figure(4);
mesh(Kx,Ky,(abs(FR)).^2)
title('Square-absolute value of Fourier transform of rect function: 3-D plot,scale
arbitrary')
xlabel('kx')
ylabel('ky')
axis square
%Image of the Fourier transformation of rectangular function
figure(5);
gain=10000;
image(Kx,Ky,gain*(abs(FR)).^2/max(max(abs(FR))).^2)
title('Square-absolute value of Fourier transform of the rect function: gray-scale plot')
```

续表

```
xlabel('kx')
ylabel('ky')
axis square
colormap(gray(256))
```

例 1.2　MATLAB 例子：位图图像的傅里叶变换

当二维函数或图像用一个位图文件给出时，可使用表 1.4 所给的 m-文件来求其傅里叶变换。图 1.4(a) 是图像文件大小为 256×256 时的位图图像，使用微软绘图（Microsoft® Paint）很容易生成，图 1.4(b) 为绝对值变换后所对应的图像。

表 1.4　fft2Dbitmap_image.m：位图图像二维傅里叶变换的 m-文件

```
%fft2Dbitmap_image.m
%Simulation of Fourier transformation of bitmap images
clear
I=imread('triangle.bmp','bmp'); %Input bitmap image
I=I(:,:,1);
figure(1) %displaying input
colormap(gray(255));
image(I)
axis off
FI=fft2(I);
FI=fftshift(FI);
max1=max(FI);
max2=max(max1);
scale=1.0/max2;
FI=FI.*scale;
figure(2) %Gray scale image of the absolute value of transform
colormap(gray(255));
image(10*(abs(256*FI)));
axis off
```

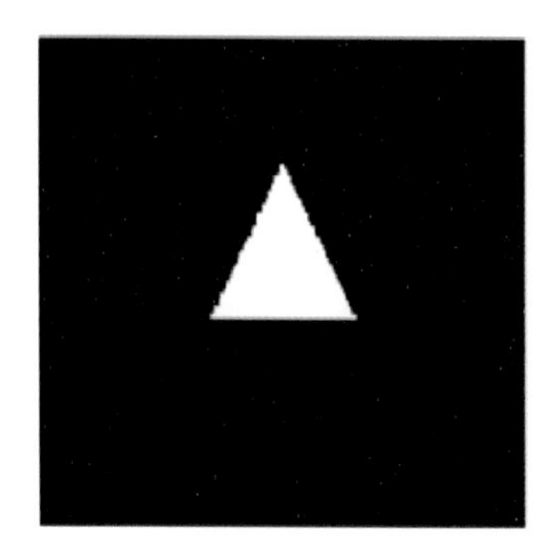

(a) 三角形的位图图像

(b) 变换后的绝对值

图 1.4　由表 1.4 中 m-文件生成的位图图像及其变换

例 1.3　δ 函数及其变换

δ 函数（delta function）$\delta(x)$ 是系统研究中最重要的函数之一。δ 函数可定义如下：

$$\delta(x) = \lim_{a\to 0}\left\{\frac{1}{a}\mathrm{rect}\left(\frac{x}{a}\right)\right\}. \tag{1.1.9}$$

这种情况如图 1.5 所示。

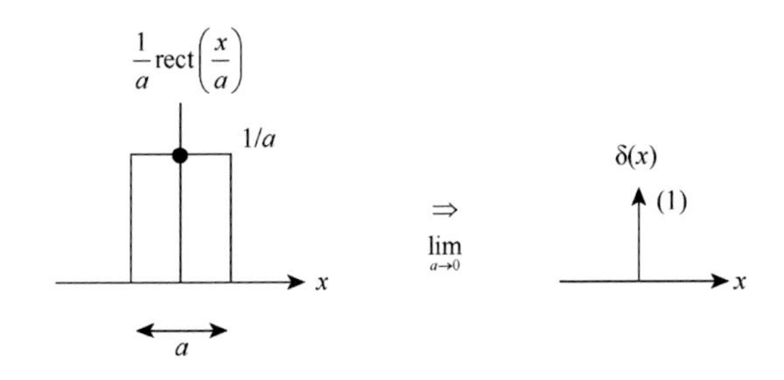

图 1.5　δ 函数的图解定义

δ 函数有如下三个重要性质。

性质 1：单位面积

$$\int_{-\infty}^{\infty}\delta(x-x_0)\mathrm{d}x=1. \tag{1.1.10a}$$

δ 函数具有单位面积（或强度），可在其箭头旁标记“（1）”来表示，如图 1.5 所示。这一单位面积的性质可通过图 1.5 左侧图示的定义清晰地体现出来。无论 a 的值为多少，其面积恒为单位 1。

性质 2：乘积性质

$$f(x)\delta(x-x_0)=f(x_0)\delta(x-x_0). \tag{1.1.10b}$$

该性质可由图 1.6 中的图示来说明，其中，任意函数 $f(x)$ 与位于 $x=x_0$ 处的偏置 δ 函数 $\delta(x-x_0)$ 重叠，这两个函数的乘积显然等于 $f(x_0)$ 与 $\delta(x-x_0)$ 的乘积。因此，其结果是一个强度为 $f(x_0)$ 的偏置 δ 函数。

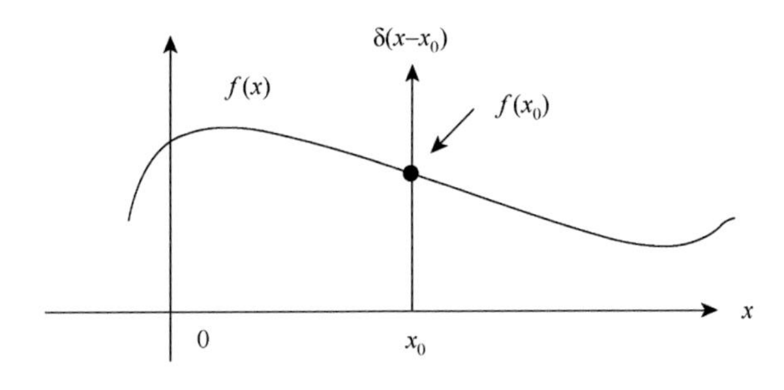

图 1.6　乘积性质的示意图

性质 3：抽样性质

$$\int_{-\infty}^{\infty}f(x)\delta(x-x_0)\mathrm{d}x=f(x_0). \tag{1.1.10c}$$

要获得上述结果，只需使用性质 1 和性质 2。根据式(1.1.10c)，并使用性质 2，有

$$\int_{-\infty}^{\infty}f(x)\delta(x-x_0)\mathrm{d}x=\int_{-\infty}^{\infty}f(x_0)\delta(x-x_0)\mathrm{d}x=f(x_0)\int_{-\infty}^{\infty}\delta(x-x_0)\mathrm{d}x=f(x_0),$$

上式使用性质 1 得到最后一步的结果。因为在积分过程中，δ 函数会在 x_0 位置处（即 x_0 处）对函数 $f(x)$ 的一个特定值进行筛选或抽样，因此式(1.1.10c)称为抽样性质（sampling property）。

在电气工程中，一维 δ 函数称为脉冲函数（impulse function），而二维 δ 函数 $\delta(x,y)=\delta(x)\delta(y)$ 代表光学中的一个理想点光源。根据式(1.1.2a)，$\delta(x,y)$ 的二维傅里叶变换为

$$\mathcal{F}_{xy}\{\delta(x,y)\}=\int_{-\infty}^{\infty}\int_{-\infty}^{\infty}\delta(x,y)\exp(\mathrm{j}k_x x+\mathrm{j}k_y y)\mathrm{d}x\mathrm{d}y$$
$$=\int_{-\infty}^{\infty}\delta(x)\exp(\mathrm{j}k_x x)\mathrm{d}x\int_{-\infty}^{\infty}\delta(y)\exp(\mathrm{j}k_y y)\mathrm{d}y=1,$$

式中，利用 δ 函数的抽样性质对上述积分求值。图 1.7 为该二维 δ 函数及其对应的傅里叶变换。

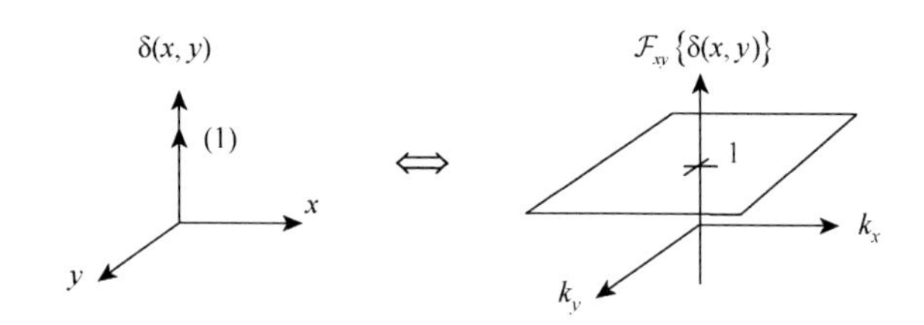

图 1.7　二维 δ 函数及其傅里叶变换

1.2　线性不变系统

1.2.1　线性及不变性（invariance）

系统可被定义为一个（组）输入产生相应的一个（组）输出。如果一个系统满足叠加（superposition），那么称该系统是线性（linearity）的。对于单输入-单输出系统，如果一个输入 $f_1(t)$ 产生一个输出 $g_1(t)$，而另一个输入 $f_2(t)$ 也产生一个输出 $g_2(t)$，那么叠加性意味着当输入为 $af_1(t)+bf_2(t)$ 时，则该系统的输出为 $ag_1(t)+bg_2(t)$，其中 a 和 b 为常数。图 1.8 进一步说明了线性系统（linear system）的情况。

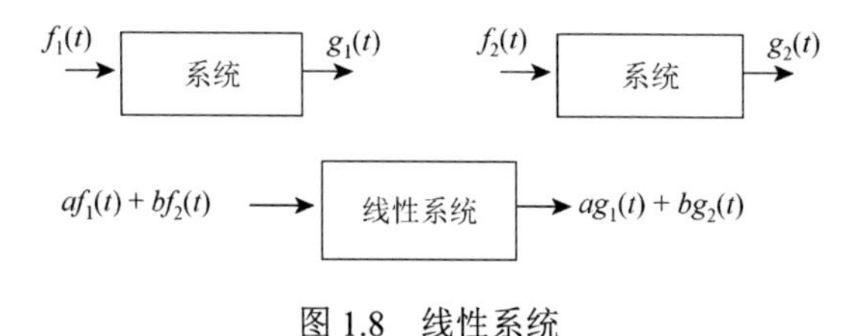

图 1.8　线性系统

参数不随时间变化的系统为时不变系统（time-invariant systems）。因此，输入中的一个时间延迟将导致相应输出的时间延迟。系统的这一性质如图 1.9 所示。其中，t_0 为时间延迟。

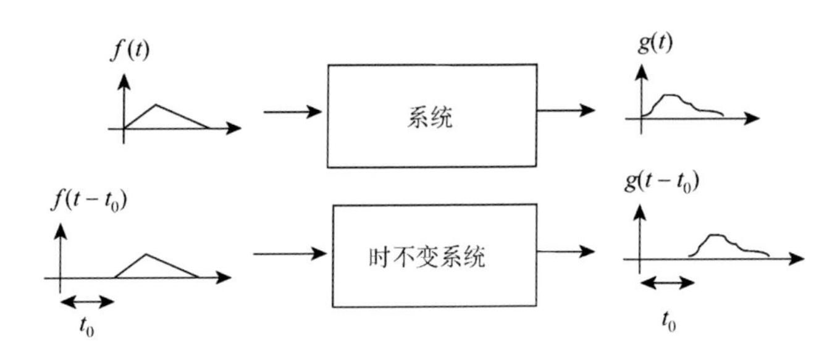

图 1.9　时不变系统

结果表明，若一个系统是线性时不变（linear and time-invariant，LTI）的，且所有初始条件都为零，则其输入和输出之间存在一个确定的关系。该关系由所谓的卷积积分（convolution integral）给出，即

$$g(t)=\int_{-\infty}^{\infty}f(t')h(t-t')\mathrm{d}t'=f(t)*h(t),\tag{1.2.1}$$

式中，$h(t)$ 为 LTI 系统的脉冲响应（impulse response）；$*$ 为 $f(t)$ 和 $h(t)$ 之间卷积的符号。表达式 $f*h$ 读作 f 与 h 的卷积。为了知道 $h(t)$ 为何被称为脉冲响应，如果输入 δ 函数 $\delta(t)$，那么根据式(1.2.1)，其输出为

$$g(t)=\delta(t)*h(t)=\int_{-\infty}^{\infty}\delta(t')h(t-t')\mathrm{d}t'=h(t),$$

这里，利用 δ 函数的抽样性质得到结果的最后一步。一旦知道 LTI 系统的 $h(t)$，那么实验上可通过对系统的输入施加一个脉冲来确定 $h(t)$，然后再通过对式(1.2.1) 的计算求得系统对任意输入 $f(t)$ 的响应。

光学中，当处理空域坐标信号时，可将 LTI 系统的概念扩展到所谓的线性空不变（linear space-invariant，LSI）系统。因此，可将一维卷积积分扩展到二维情况：

$$g(x,y)=\int_{-\infty}^{\infty}\int_{-\infty}^{\infty}f(x',y')h(x-x',y-y')\mathrm{d}x'\mathrm{d}y'=f(x,y)*h(x,y),\tag{1.2.2}$$

式中，$f(x,y)$ 为 LSI 系统的二维输入；$h(x,y)$ 和 $g(x,y)$ 分别为系统相应的脉冲响应和输出。对于电信号，时不变的概念可由图 1.9 清晰地描述，而对于光信号，空不变的概念并不清晰。在图 1.10 中，可以澄清这一概念。从图中可以发现，当输入图像 $f(x,y)$ 移动或

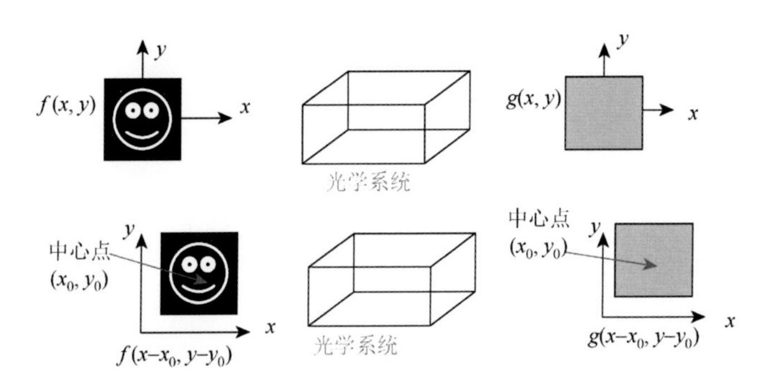

图 1.10　空不变的概念

平移到一个新的原点 (x_0, y_0) 时，其输出 $g(x, y)$ 在 x-y 平面上也会相应移动。因此，可以看到电气系统中输入信号的延迟对应于输出图像在输出平面上的平移。

图 1.11 为 LSI 光学系统在空域和频域的框图。在频域中对 LSI 系统进行分析，只需简单地对式(1.2.2) 进行傅里叶变换即可得到，即

$$\mathcal{F}_{xy}\{g(x,y)\} = \mathcal{F}_{xy}\{f(x,y) * h(x,y)\}, \tag{1.2.3a}$$

结果为

$$G(k_x, k_y) = F(k_x, k_y)H(k_x, k_y). \tag{1.2.3b}$$

这里，$G(k_x, k_y)$ 和 $H(k_x, k_y)$ 分别为 $g(x, y)$ 和 $h(x, y)$ 的傅里叶变换；$h(x, y)$ 称为 LSI 系统的空间脉冲响应（spatial impulse response）或点扩散函数（point spread function，PSF），其傅里叶变换 $H(k_x, k_y)$ 称为空间频率响应（spatial frequency response）或系统的频率传递函数（frequency transfer function）。对式(1.2.3b) 的证明见例 1.4。

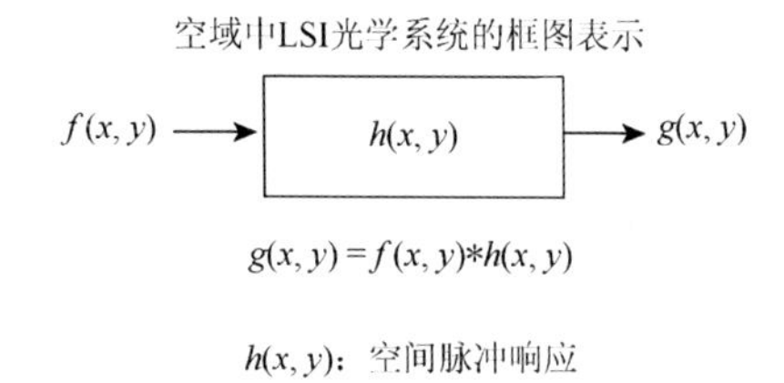

频域中LSI光学系统的框图表示

$F(k_x, k_y) \longrightarrow$ $H(k_x, k_y)$ $\longrightarrow G(k_x, k_y)$

$\mathcal{F}_{xy}\{g(x,y)\} = \mathcal{F}_{xy}\{f(x,y) * h(x,y)\}$

或 $G(k_x, k_y) = F(k_x, k_y)H(k_x, k_y)$

$H(k_x, k_y)$：空间频率响应

图 1.11　LSI 系统框图

例 1.4　两个函数卷积的傅里叶变换

由式(1.2.3a) 可知，

$$\begin{aligned}\mathcal{F}_{xy}\{g(x,y)\} &= \mathcal{F}_{xy}\{f(x,y) * h(x,y)\} \\ &= \int_{-\infty}^{\infty}\int_{-\infty}^{\infty}[f(x,y) * h(x,y)]\exp(\mathrm{j}k_x x + \mathrm{j}k_y y)\mathrm{d}x\mathrm{d}y \\ &= \int_{-\infty}^{\infty}\int_{-\infty}^{\infty}\left[\int_{-\infty}^{\infty}\int_{-\infty}^{\infty} f(x',y')h(x-x',y-y')\mathrm{d}x'\mathrm{d}y'\right] \times \exp(\mathrm{j}k_x x + \mathrm{j}k_y y)\mathrm{d}x\mathrm{d}y.\end{aligned}$$

这里利用了卷积的定义。将 x 和 y 变量整理组合后，上式可写为

$$\begin{aligned}&\mathcal{F}_{xy}\{f(x,y) * h(x,y)\} \\ &= \int_{-\infty}^{\infty}\int_{-\infty}^{\infty} f(x',y')\left[\int_{-\infty}^{\infty}\int_{-\infty}^{\infty} h(x-x',y-y')\exp(\mathrm{j}k_x x + \mathrm{j}k_y y)\mathrm{d}x\mathrm{d}y\right]\mathrm{d}x'\mathrm{d}y'.\end{aligned}$$

其内积分是 $h(x-x',y-y')$ 的傅里叶变换。利用表 1.1（第 2 项），该变换是 $H(k_x,k_y)\exp(\mathrm{j}k_x x'+\mathrm{j}k_y y')$。因此，有

$$\begin{aligned}&\mathcal{F}_{xy}\{f(x,y)*h(x,y)\}\\&=\int_{-\infty}^{\infty}\int_{-\infty}^{\infty}f(x',y')[H(k_x,k_y)\exp(\mathrm{j}k_x x'+\mathrm{j}k_y y')]\mathrm{d}x'\mathrm{d}y'\\&=H(k_x,k_y)\int_{-\infty}^{\infty}\int_{-\infty}^{\infty}f(x',y')\exp(\mathrm{j}k_x x'+\mathrm{j}k_y y')]\mathrm{d}x'\mathrm{d}y'\\&=F(k_x,k_y)H(k_x,k_y).\end{aligned}$$

1.2.2　卷积和相关概念

上节已经证明，在 LSI 系统中是包含卷积积分的。本节首先解释卷积的概念，然后讨论另一个重要的运算——相关（correlation），最后区分这两个过程的不同。

图 1.12 为两幅图像 $f(x,y)$ 和 $h(x,y)$ 之间的卷积。根据式(1.2.2) 的定义，对于不同位移 (x,y)，两幅图像的卷积是两个函数 $f(x',y')$ 和 $h(x-x',y-y')$ 乘积的面积。

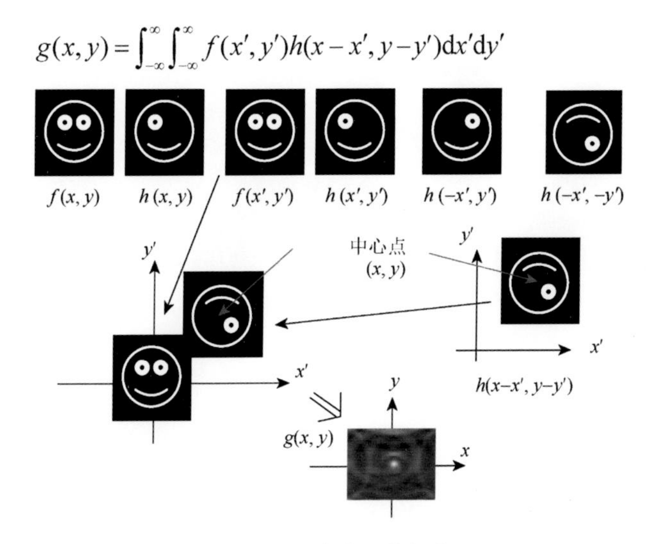

图 1.12　二维卷积的概念

图 1.12 的第一行给出了从初始图像 $f(x,y)$ 和 $h(x,y)$ 到 $f(x',y')$ 和 $h(-x',-y')$ 的变换过程。下面解释 $h(x-x',y-y')$ 通过将 $h(-x',-y')$ 平移到以 (x,y) 为中心的地方，形成 $h(x-x',y-y')$。一旦有了 $f(x',y')$ 和 $h(x-x',y-y')$，就将其在 x'-y' 平面上进行叠加，如图 1.12 所示。最后，需要计算 $f(x',y')$ 和 $h(x-x',y-y')$ 在不同位移 (x,y) 处乘积的面积，从而得到 $g(x,y)$ 的二维灰度图。

另一个重要的积分称为相关积分（correlation integral）。两个函数 $f(x,y)$ 和 $h(x,y)$ 的相关即 $C_{fh}(x,y)$，可定义为

$$C_{fh}(x,y)=\int_{-\infty}^{\infty}\int_{-\infty}^{\infty}f^*(x',y')h(x+x',y+y')\mathrm{d}x'\mathrm{d}y'=f(x,y)\otimes h(x,y).\qquad(1.2.4)$$

在比较两个函数的相似性时，该积分比较有用，并已应用于模式识别中。为了简单起见，假设图 1.13 中的 $f(x,y)$ 为实数，则可以说明 $f(x,y)$ 和 $h(x,y)$ 这两幅图像的相关性。与两幅图像的卷积相似，该相关过程包含两个函数 $f(x',y')$ 和 $h(x+x',y+y')$ 在不同位移 (x,y) 处乘积的面积计算。图 1.13 第一行的图像给出了从初始图像 $f(x,y)$ 和 $h(x,y)$ 到 $f(x',y')$ 和 $h(x',y')$ 的变换过程。与卷积不同，为了计算 $f(x',y')$ 和 $h(x+x',y+y')$ 在不同位移 (x,y) 处乘积的面积，不需要沿 x' 轴和 y' 轴翻转图像 $h(x',y')$ 即可得到 $C_{fh}(x,y)$ 的二维图。

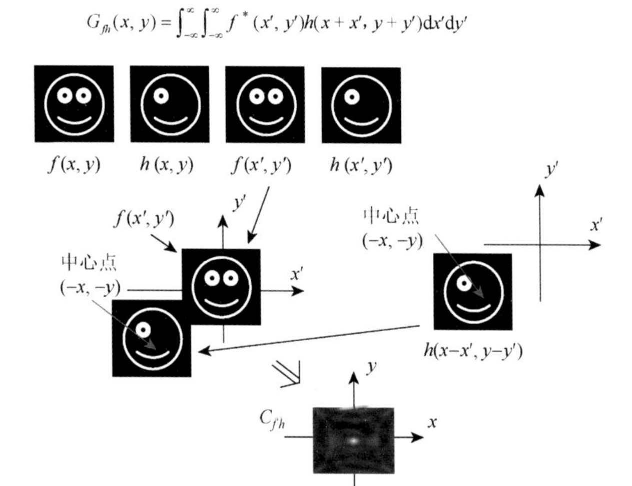

图 1.13　二维相关的概念（设 f 为实数）

例 1.5　卷积与相关的关系

本例通过下面的关系来说明相关可用卷积来表示：

$$f(x,y)\otimes h(x,y)=f^*(-x,-y)*h(x,y). \tag{1.2.5}$$

根据卷积的定义[式(1.2.2)]，可以写出

$$\begin{aligned} f^*(-x,-y)*h(x,y) &= \int_{-\infty}^{\infty}\int_{-\infty}^{\infty} f^*(-x',-y')h(x-x',y-y')\mathrm{d}x'\mathrm{d}y' \\ &= \int_{-\infty}^{\infty}\int_{-\infty}^{\infty} f^*(x''-x,y''-y)h(x'',y'')(-\mathrm{d}x'')(-\mathrm{d}y''), \end{aligned}$$

这里进行了替换，令 $x-x'=x''$ 且 $y-y'=y''$，以求得方程的最后一步。重组最后一步，并将等式替换为 $x''-x=\tilde{x}$ 和 $y''-y=\tilde{y}$，可得

$$f^*(-x,-y)*h(x,y)=\int_{-\infty}^{\infty}\int_{-\infty}^{\infty} f^*(\tilde{x},\tilde{y})h(\tilde{x}+x,\tilde{y}+y)\mathrm{d}\tilde{x}\mathrm{d}\tilde{y}=f(x,y)\otimes h(x,y).$$

通过相关的定义，这里证明了式(1.2.5)。

由式(1.2.4)可知，当 $f\neq h$ 时，该结果称为互相关（cross-correlation）C_{fh}。当 $f=h$ 时，该结果称为函数 f 的自相关（auto-correlation）C_{ff}。可以证明

$$|C_{ff}(0,0)|\geqslant|C_{ff}(x,y)|, \tag{1.2.6}$$

即自相关总有一个中心极大值。这一事实已被模式识别（pattern recognition）所利用。最早

利用式(1.2.5)的光学模式识别方案是由 Vander Lugt（1964）及 Weaver 和 Goodman（1966）提出的。《光学模式识别》（*Optical Pattern Recognition*）一书对光学模式识别进行了全面回顾，涵盖了一些理论和详细的实际应用（Yu and Jutamulia，1998）。对于光学模式识别的一些最新方法，鼓励读者参考 Poon 和 Qi（2003）的文章。

例 1.6　MATLAB 例子：模式识别

模式识别的应用体现了由式(1.2.4)给出的相关。本例在频域中实现了这一方程。因此有

$$\mathcal{F}_{xy}\{f(x,y)\otimes h(x,y)\}=F^*(k_x,k_y)H(k_x,k_y), \tag{1.2.7}$$

上式可使用类似例 1.4 的过程来证明。对于给定的图像 f 和 h，首先求得其对应的二维傅里叶变换，再对式(1.2.7)进行逆变换，即可证明其相关性，有

$$f(x,y)\otimes h(x,y)=\mathcal{F}_{xy}^{-1}\{F^*(k_x,k_y)H(k_x,k_y)\}. \tag{1.2.8}$$

图 1.14 为两幅相同图像的自相关结果，图 1.15 为两幅不同图像的互相关结果。这些图是使用表 1.5 的 m-文件所生成。两个 256×256 的 smiley.bmp 文件被用于自相关计算。从中可以发现，在如图 1.14 所示的自相关中，在相关输出的中心有一个亮斑，表示两种模式相“匹配”，见式(1.2.6)；而在图 1.15 中，中心没有明显的亮斑。

图 1.14　自相关结果

图 1.15　互相关结果

表 1.5　correlation.m：进行二维相关的 m-文件

```
%fft2Dbitmap_image.m
%Simulation of Fourier transformation of bitmap images
clear
I=imread('triangle.bmp','bmp'); %Input bitmap image
I=I(:,:,1);
figure(1) %displaying input
colormap(gray(255));
image(I)
axis off
FI=fft2(I);
```

续表

```
FI=fftshift(FI);
max1=max(FI);
max2=max(max1);
scale=1.0/max2;
FI=FI.*scale;
figure(2) %Gray scale image of the absolute value of transform
colormap(gray(255));
image(10*(abs(256*FI)));
axis off
```

参考文献

1.1 Banerjee, P.P. and T.-C. Poon (1991). *Principles of Applied Optics.* Irwin, Illinois.

1.2 Poon T.-C. and P. P. Banerjee (2001). *Contemporary Optical Image Processing with MATLAB®.* Elsevier, Oxford, UK.

1.3 Poon T.-C. and Y. Qi (2003). Novel real-time joint-transform correlation by use of acousto-optic heterodyning, *Applied Optics*, 42, 4663-4669.

1.4 VanderLugt, A. (1964)."Signal detection by complex spatial filter,"*IEEE Trans. Inf. Theory* IT-10, 139-146.

1.5 Weaver, C.S. and J. W. Goodman (1966)."A technique for optical convolving two functions,"*Applied Optics*, 5, 1248-1249.

1.6 Yu, F.T.S. and S. Jutamulia, ed. (1998). *Optical Pattern Recognition.* Cambridge University Press, Cambridge, UK.

第 2 章　波动光学与全息术

第 1 章介绍了傅里叶光学的数学背景和一些包括线性及空间不变性等有重要性质的系统特性。本章将从麦克斯韦方程出发，进行矢量波动方程的推导并介绍波动光学的一些基本理论。之后，讨论标量波动方程的一些简单解，并利用傅里叶变换得到独特的菲涅耳衍射公式来研究衍射理论。在此过程中，将定义傅里叶光学中的空间频率传递函数和空间脉冲响应。在衍射背景下，还将探索利用透镜进行波前变换，描述透镜的傅里叶变换特性并讨论如何利用标准双透镜系统进行空间滤波，从而区分相干和非相干图像处理。本章最后一节讨论全息术的基本知识，并证明一个菲涅耳波带板即一个点源物体的全息图，表明任意一个三维物体的全息图都可以看作是一系列菲涅耳波带板的集合。最后，讨论电子全息术（electronic holography）（文献中通常称为数字全息），这些内容将在第 3 章进行介绍且更为精彩，从而为讨论一种被称为光学扫描全息术的独特的全息记录技术做准备。

2.1　麦克斯韦方程与齐次矢量波动方程

光学研究中，通常关心的是电磁（electromagnetic，EM）场的四个矢量：电场强度 $\boldsymbol{\mathcal{E}}(\mathrm{V/m})$、电通密度 $\boldsymbol{\mathcal{D}}\,(\mathrm{C/m^2})$、磁场（magnetic field）强度 $\boldsymbol{\mathcal{H}}(\mathrm{A/m})$ 和磁通密度 $\boldsymbol{\mathcal{B}}\,(\mathrm{Wb/m^2})$。电磁场的基本理论基于麦克斯韦方程组（Maxwell's equations），这些方程的微分形式表示为

$$\nabla\cdot\boldsymbol{\mathcal{D}}=\rho_{\mathrm{v}}, \tag{2.1.1}$$

$$\nabla\cdot\boldsymbol{\mathcal{B}}=0, \tag{2.1.2}$$

$$\nabla\times\boldsymbol{\mathcal{E}}=-\frac{\partial\boldsymbol{\mathcal{B}}}{\partial t}, \tag{2.1.3}$$

$$\nabla\times\boldsymbol{\mathcal{H}}=\boldsymbol{\mathcal{J}}=\boldsymbol{\mathcal{J}}_{\mathrm{c}}+\frac{\partial\boldsymbol{\mathcal{D}}}{\partial t}, \tag{2.1.4}$$

式中，$\boldsymbol{\mathcal{J}}_{\mathrm{c}}$ 为电流密度[A/m^2]；ρ_{v} 为电荷密度[C/m^3]。$\boldsymbol{\mathcal{J}}_{\mathrm{c}}$ 和 ρ_{v} 是产生电磁场的源。麦克斯韦方程组描述了分别支配电场（electric field）的 $\boldsymbol{\mathcal{E}}$ 和 $\boldsymbol{\mathcal{D}}$、磁场的 $\boldsymbol{\mathcal{H}}$ 和 $\boldsymbol{\mathcal{B}}$ 及源的 $\boldsymbol{\mathcal{J}}_{\mathrm{c}}$ 和 ρ_{v} 的物理定律。从方程式(2.1.3) 和式(2.1.4) 可以看出，一个时变的磁场产生一个时变的电场。反之，一个时变的电场产生一个时变的磁场。正是这种电场和磁场之间的耦合，产生了能够在介质甚至自由空间中传播的电磁波。

对于任意给定的电流和电荷密度分布，都可以求解麦克斯韦方程组。但需要注意的是，式(2.1.1) 不是独立于式(2.1.4) 的，式(2.1.2) 是式(2.1.3) 的一个结果。通过对方程式(2.1.3)和式(2.1.4) 两边取散度，并利用连续方程（continuity equation）可得

$$\nabla\cdot\boldsymbol{\mathcal{J}}_{\mathrm{c}}+\frac{\partial\rho_{\mathrm{v}}}{\partial t}=0, \tag{2.1.5}$$

该式即为电荷守恒定律（principle of conservation of charge）。可以证明，$\nabla\cdot\boldsymbol{\mathcal{D}}=\rho_{\mathrm{v}}$。类似地，式(2.1.2) 也是式(2.1.3) 的一个结果。因此，从式(2.1.1)到式(2.1.4)，实际上有 6 个独立的标量方程（每个旋度方程有 3 个标量方程）和 12 个未知量，该未知量分别是 $\boldsymbol{\mathcal{E}}$、$\boldsymbol{\mathcal{D}}$、$\boldsymbol{\mathcal{H}}$ 和 $\boldsymbol{\mathcal{B}}$ 的 x、y 和 z 分量。所需的另外 6 个标量方程由本构关系（constitutive relations）提供：

$$\boldsymbol{\mathcal{D}}=\epsilon\boldsymbol{\mathcal{E}}, \tag{2.1.6a}$$

$$\boldsymbol{\mathcal{B}}=\mu\boldsymbol{\mathcal{H}}, \tag{2.1.6b}$$

式中，ϵ 为介质的介电常数[F/m]；μ 为介质的磁导率[H/m]。书中，取 ϵ 和 μ 为标量常数。事实上，对于线性的（linear）、均匀的（homogeneous）、各向同性（isotropic）的介质也的确如此。若该性质不依赖于介质中场的振幅，则该介质是线性的。若该性质不是空间位置的函数，则该介质是均匀的。若该介质在任意给定点上各个方向的性质均相同，则该介质就是各向同性的。

回到线性、均匀、各向同性的介质上，值得注意的是，常数 ϵ 和 μ 在自由空间（或真空中）的值为 $\epsilon_0=\left(\frac{1}{36\pi}\right)\times10^{-9}\,\mathrm{F/m}$ 和 $\mu_0=4\pi\times10^{-7}\,\mathrm{H/m}$。

利用麦克斯韦方程组和本构关系，可以推导出描述电场和磁场传播的波动方程。例 2.1 给出了波动方程推导 $\boldsymbol{\mathcal{E}}$ 的过程。

例 2.1　线性、均匀、各向同性介质中矢量波动方程的推导

对方程式(2.1.3) 两边取旋度，有

$$\nabla\times\nabla\times\boldsymbol{\mathcal{E}}=-\nabla\times\frac{\partial\boldsymbol{\mathcal{B}}}{\partial t}=-\frac{\partial}{\partial t}(\nabla\times\boldsymbol{\mathcal{B}})=-\mu\frac{\partial}{\partial t}(\nabla\times\boldsymbol{\mathcal{H}}), \tag{2.1.7}$$

这里，使用了第二个本构关系[式(2.1.6b)]，并且假定 μ 与空间位置及时间无关。现在，利用式(2.1.4)，则式(2.1.7) 变为

$$\nabla\times\nabla\times\boldsymbol{\mathcal{E}}=-\mu\epsilon\frac{\partial^2\boldsymbol{\mathcal{E}}}{\partial t^2}-\mu\frac{\partial\boldsymbol{\mathcal{J}}_{\mathrm{c}}}{\partial t}, \tag{2.1.8}$$

这里，使用了第一个本构关系[式(2.1.6a)]，并且假定 ϵ 与时间无关。利用下面的矢量恒等式（$\boldsymbol{\mathcal{A}}$ 是任意矢量）

$$\nabla\times\nabla\times\boldsymbol{\mathcal{A}}=\nabla(\nabla\cdot\boldsymbol{\mathcal{A}})-\nabla^2\boldsymbol{\mathcal{A}},\ \nabla^2=\nabla\cdot\nabla. \tag{2.1.9}$$

在式(2.1.8) 中，可得

$$\nabla^2\boldsymbol{\mathcal{E}}-\mu\epsilon\frac{\partial^2\boldsymbol{\mathcal{E}}}{\partial t^2}=\mu\frac{\partial\boldsymbol{\mathcal{J}}_{\mathrm{c}}}{\partial t}+\nabla(\nabla\cdot\boldsymbol{\mathcal{E}}). \tag{2.1.10}$$

如果再假设介电常数 ϵ 与空间位置无关，那么利用第一个本构关系[式(2.1.6a)]，可将麦克斯韦方程组的第一个方程式[式(2.1.1)]重写为

$$\nabla\cdot\boldsymbol{\mathcal{E}}=\frac{\rho_{\mathrm{v}}}{\epsilon}. \tag{2.1.11}$$

将式(2.1.11) 代入式(2.1.10)，可得

$$\nabla^2\boldsymbol{\mathcal{E}}-\mu\epsilon\frac{\partial^2\boldsymbol{\mathcal{E}}}{\partial t^2}=\mu\frac{\partial\boldsymbol{\mathcal{J}}_{\mathrm{c}}}{\partial t}+\frac{1}{\epsilon}\nabla\rho_{\mathrm{v}}, \tag{2.1.12}$$

上式为一个矢量波动方程（vector wave equation），该等式右侧为有源项。这是在一个线性、均匀、各向同性介质中求$\boldsymbol{\mathcal{E}}$的波动方程。

对于给定的$\mathcal{J}_{\mathrm{c}}$和ρ_{v}，在一个以μ和ϵ为特征的局部区域（如V'）内，可以根据式 (2.1.12) 求解该区域的电场$\boldsymbol{\mathcal{E}}$。一旦生成的场到达无源区域$V(\mathcal{J}_{\mathrm{c}}=0,\ \ \rho_{\mathrm{v}}=0)$，那么该场必须满足齐次矢量波动方程（homogeneous vector wave equation），

$$\nabla^2\boldsymbol{\mathcal{E}}-\mu\epsilon\frac{\partial^2\boldsymbol{\mathcal{E}}}{\partial t^2}=0. \tag{2.1.13}$$

这种情况如图 2.1 所示。从图中可以看出，$\mu\epsilon$的单位值为(1/速度)^2，称此时速度为v并定义为

$$v^2=\frac{1}{\mu\epsilon} \tag{2.1.14}$$

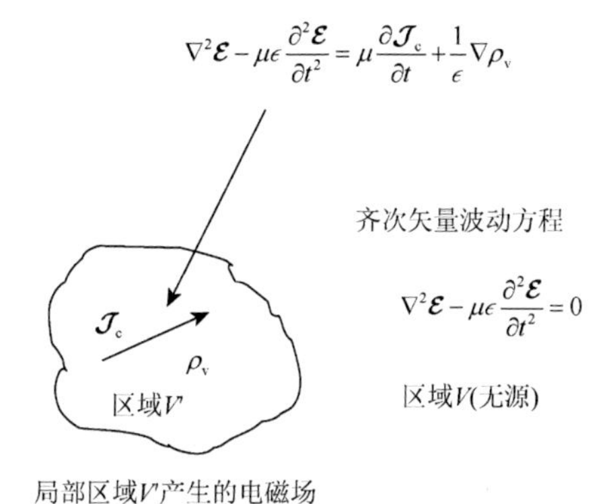

图 2.1　在线性、均匀、各向同性介质中的矢量波动方程

对于自由空间，$\mu=\mu_0$，$\epsilon=\epsilon_0$，$v=c$。可通过μ_0和ϵ_0的值计算出c的值，结果约为 3×10^{8}m/s。这个首次由麦克斯韦计算出的理论值与斐索（Fizeau）之前测量的光速值（315300km/s）非常吻合。因此，麦克斯韦得出结论：光是一种电磁干扰，满足电磁定律并以波的形式在电磁场中传播。

2.2　三维标量波动方程

方程式(2.1.13) 等价于三个标量方程，其中$\boldsymbol{\mathcal{E}}$的每一个分量对应一个标量方程。设场$\boldsymbol{\mathcal{E}}$的形式为

$$\boldsymbol{\mathcal{E}}=\mathcal{E}_x\boldsymbol{a}_x+\mathcal{E}_y\boldsymbol{a}_y+\mathcal{E}_z\boldsymbol{a}_z, \tag{2.2.1}$$

式中，$\boldsymbol{a}_x$、$\boldsymbol{a}_y$和$\boldsymbol{a}_z$分别为x、y和z方向的单位向量。这里，拉普拉斯算子（∇^2）在笛卡儿坐标系（x, y, z）中的表达式为

$$\nabla^2=\frac{\partial^2}{\partial x^2}+\frac{\partial^2}{\partial y^2}+\frac{\partial^2}{\partial z^2}. \tag{2.2.2}$$

利用上式，式(2.1.13) 变为

$$\left(\frac{\partial^2}{\partial x^2}+\frac{\partial^2}{\partial y^2}+\frac{\partial^2}{\partial z^2}\right)\left(\mathcal{E}_x\boldsymbol{a}_x+\mathcal{E}_y\boldsymbol{a}_y+\mathcal{E}_z\boldsymbol{a}_z\right)=\mu\epsilon\frac{\partial^2}{\partial t^2}\left(\mathcal{E}_x\boldsymbol{a}_x+\mathcal{E}_y\boldsymbol{a}_y+\mathcal{E}_z\boldsymbol{a}_z\right). \quad (2.2.3)$$

比较方程两边的 $\boldsymbol{a}_x$ 分量，可得

$$\frac{\partial^2\mathcal{E}_x}{\partial x^2}+\frac{\partial^2\mathcal{E}_x}{\partial y^2}+\frac{\partial^2\mathcal{E}_x}{\partial z^2}=\mu\epsilon\frac{\partial^2\mathcal{E}_x}{\partial t^2}.$$

同样地，通过比较方程式(2.2.3) 中的其他分量，最终得到了类似上式的 $\mathcal{E}_y$ 分量和 $\mathcal{E}_z$ 分量的方程。因此，可写出

$$\nabla^2\psi=\frac{1}{v^2}\frac{\partial^2\psi}{\partial t^2}, \quad (2.2.4)$$

式中，ψ 为电场 $\boldsymbol{\mathcal{E}}$ 其中一个分量，即 $\mathcal{E}_x$、$\mathcal{E}_y$ 或 $\mathcal{E}_z$；v 为由式(2.1.14) 表示的介质中的波的速度。方程式(2.2.4) 称为三维标量波动方程（3-D scalar wave equation）。下面对其最简单的一些解进行研究。

2.2.1　平面波解

对于以角频率（angular frequency）ω_0 [rad/s]振荡的波，方程式(2.2.4) 最简单的解之一是

$$\begin{aligned}\psi(x,y,z,t)&=\exp\left[\mathrm{j}(\omega_0 t-\boldsymbol{k}_0\cdot\boldsymbol{\mathcal{R}})\right]\\&=\exp[\mathrm{j}(\omega_0 t-k_{0x}x-k_{0y}y-k_{0z}z)],\end{aligned} \quad (2.2.5)$$

式中，$\boldsymbol{\mathcal{R}}=x\boldsymbol{a}_x+y\boldsymbol{a}_y+z\boldsymbol{a}_z$ 为位置矢量；$\boldsymbol{k}_0=k_{0x}\boldsymbol{a}_x+k_{0y}\boldsymbol{a}_y+k_{0z}\boldsymbol{a}_z$ 为传播矢量（propagation vector）；$|\boldsymbol{k}_0|=k_0$ 为传播常数（propagation constant）[rad/m]。当满足以下条件

$$\frac{\omega_0^{\ 2}}{k_{0x}^{\ 2}+k_{0y}^{\ 2}+k_{0z}^{\ 2}}=\frac{\omega_0^{\ 2}}{k_0^{\ 2}}=v^2, \quad (2.2.6)$$

式(2.2.5) 称为一个平面波解，该波称为单位振幅的平面波（plane wave）。图 2.2 为平面波的传播方向，由 k_{0x}、k_{0y} 和 k_{0z} 三个分量决定。

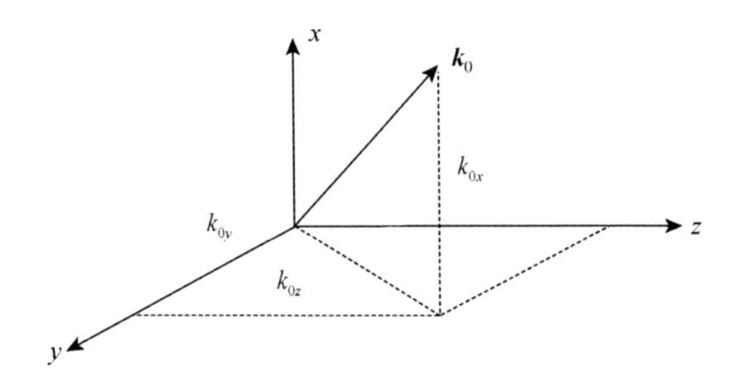

图 2.2　沿 $\boldsymbol{k}_0$ 方向传播的平面波

由于电磁场是空间和时间的实函数，所以通过取ψ的实部可以得到一个实量并由此定义电场，即

$$\mathrm{Re}\left[\psi(x,y,z,t)\right]=\cos(\omega_0 t-k_{0x}x-k_{0y}y-k_{0z}z). \tag{2.2.7}$$

现在考虑一个沿 z 方向传播的平面波。在一个空间维度，即$\psi(z,t)$，其波动方程[式(2.2.4)]为

$$\frac{\partial^2\psi}{\partial z^2}=\frac{1}{v^2}\frac{\partial^2\psi}{\partial t^2}, \tag{2.2.8}$$

其平面波解为

$$\psi(z,t)=\exp\left[\mathrm{j}(\omega_0 t-k_0 z)\right]=\exp\left[\mathrm{j}(\omega_0 t)\right]\exp\left[-\mathrm{j}\theta(z)\right], \tag{2.2.9}$$

式中，$\theta(z)=k_0 z=\dfrac{2\pi}{\lambda_0}z$ 为波的相位（phase）；λ_0 为波长。取坐标原点为零相位的位置，即 $\theta(z=0)=0$。实际上，在整个 $z=0$ 的平面上，其相位为零。在 $z=\lambda_0$ 处，有 $\theta(z=\lambda_0)=\dfrac{2\pi}{\lambda_0}\lambda_0=2\pi$。所以，每传播一个波长的距离，其波的相位就增加 2π。因此，就有所谓的沿 z 方向的平面波前（planar wavefronts），具体如图 2.3 所示。

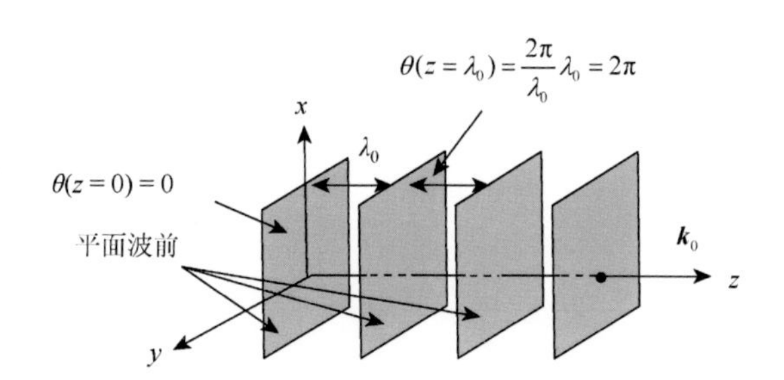

图 2.3　沿 z 方向传播的平面波呈现平面波前

2.2.2　球面波解

现在考虑如图 2.4 所示的球坐标系。

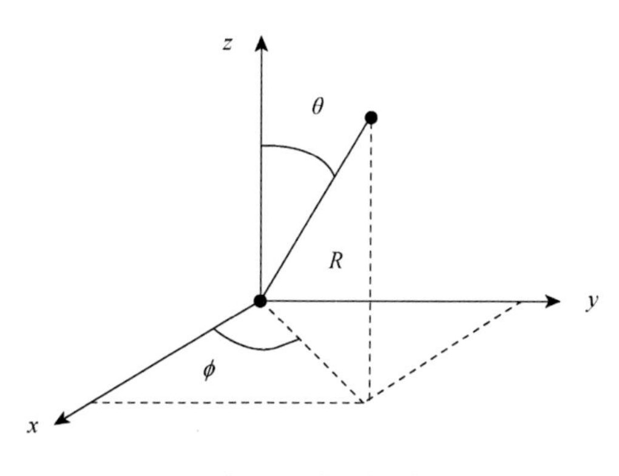

图 2.4　球坐标系

拉普拉斯算子（∇^2）的表达式为

$$\nabla^2 = \frac{\partial^2}{\partial R^2} + \frac{2}{R}\frac{\partial}{\partial R} + \frac{1}{R^2\sin^2\theta}\frac{\partial^2}{\partial \phi^2} + \frac{1}{R^2}\frac{\partial^2}{\partial \theta^2} + \frac{\cot\theta}{R^2}\frac{\partial}{\partial \theta}. \tag{2.2.10}$$

其中，最简单的一种情况为球对称，它要求$\psi(R,\theta,\phi,t)=\psi(R,t)$。因此，对于球对称$(\partial/\partial\phi = 0 = \partial/\partial\theta)$，其波动方程式(2.2 4) 结合式(2.2.10)，可取如下形式：

$$\left(\frac{\partial^2\psi}{\partial R^2} + \frac{2}{R}\frac{\partial\psi}{\partial R}\right) = \frac{1}{v^2}\frac{\partial^2\psi}{\partial t^2}. \tag{2.2.11}$$

由于

$$R\left(\frac{\partial^2\psi}{\partial R^2} + \frac{2}{R}\frac{\partial\psi}{\partial R}\right) = \frac{\partial^2(R\psi)}{\partial R^2},$$

则式(2.2.11)可改写为

$$\frac{\partial^2(R\psi)}{\partial R^2} = \frac{1}{v^2}\frac{\partial^2(R\psi)}{\partial t^2}. \tag{2.2.12}$$

现在，上式与式(2.2.8) 具有相同的形式。因为式(2.2.9) 是式(2.2.8) 的解，故可为式(2.2.12)构建一个简单的解，如

$$\psi(R,t) = \frac{1}{R}\exp\left[\mathrm{j}(\omega_0 t - k_0 R)\right] \tag{2.2.13}$$

被称为球面波（spherical wave）。同样地，可以写出

$$\psi(R,t) = \frac{1}{R}\exp[\mathrm{j}(\omega_0 t - k_0 R) = \frac{1}{R}\exp(\mathrm{j}\omega_0 t)\exp\left[-\mathrm{j}\theta(R)\right],$$

这里，$\theta(R) = k_0 R = \frac{2\pi}{\lambda_0}R$。将坐标原点作为零相位的位置，即$\theta(R=0)=0$且$\theta(R=\lambda_0)=\frac{2\pi}{\lambda_0}\lambda_0 = 2\pi$。所以，每传播一个波长，波的相位就增加$2\pi$。因此，就有沿$R$方向移动的球面波前（spherical wavefronts），具体如图 2.5 所示。

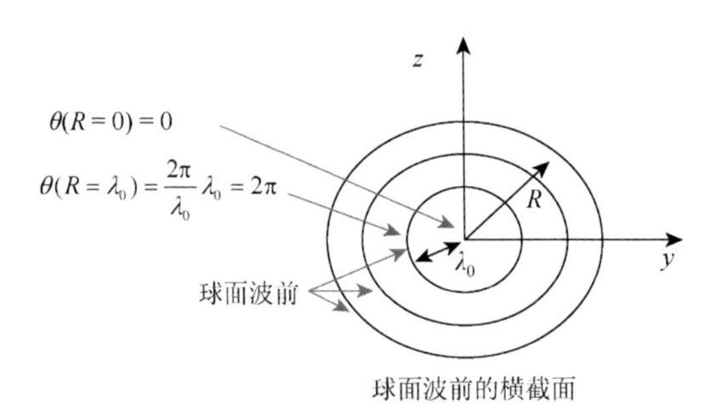

图 2.5　球面波前

如前所述，平面波和球面波是三维标量波动方程解中一些最简单的形式，在实验室可以有效地生成这些光波，情况如图 2.6 所示。假设两个透镜之间的间隔为其焦距之和，即$f_1 + f_2$。同时，假设从激光器发出的光线是平行的，也就是说，其波前为平面。从图中

可以看出，从焦距为 f_2 的透镜中出射的平行光有一个扩展系数 $M = f_2/f_1$，相比最初从激光器中发出的平行光要大。

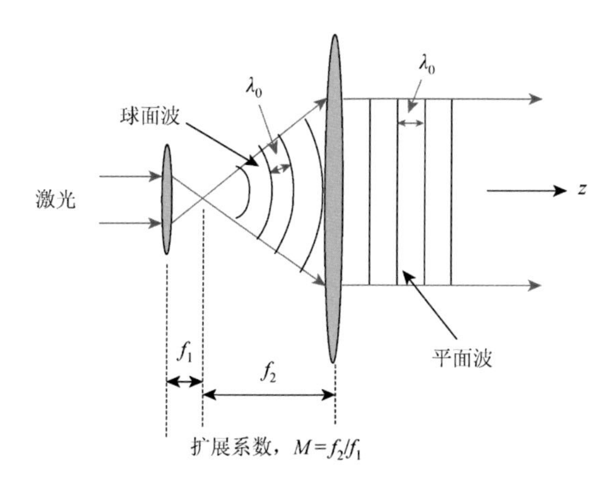

图 2.6　球面波和平面波的光路实现

2.3　标量衍射理论

图 2.7 是衍射几何图的一个简单例子。其中，以频率 ω_0 振荡的一束平面波入射到 $z=0$ 的孔径（aperture）或衍射屏（diffracting screen）上，要求确定该孔径后方的衍射场分布。为了解决这一问题，需要求解三维标量波动方程，该方程受限于一个初始条件，现在用数学方法阐明这一问题。

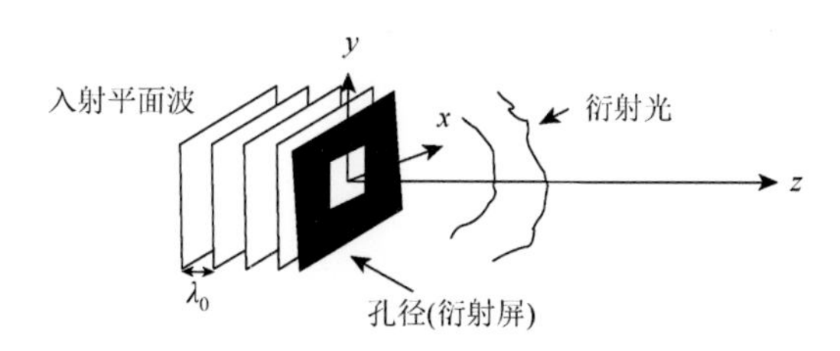

图 2.7　衍射几何图

一束振幅为 A 并沿 z 方向传播的平面波由 $\psi(z,t)=A\exp\left[\mathrm{j}(\omega_0 t-k_0 z)\right]$ 给出，该波场零相位的位置定义在 $z=0$ 处，因此可将紧靠孔径前的场建模为 $\psi(z=0,t)=A\exp(\mathrm{j}\omega_0 t)$，此时紧靠该孔径后方的场可表示为 $\psi(x,y,z=0,t)=\psi_p(x,y;z=0)\exp(\mathrm{j}\omega_0 t)$。其中，$\psi_p(x,y;z=0)$ 称为所考虑的初始条件（initial condition）。例如，若孔径的矩形开口宽度为 $x_0\times y_0$，则可以写出 $\psi_p(x,y;z=0)=A\mathrm{rect}(x/x_0,y/y_0)$。

有必要找出 z 处的场分布，为此可将其解建模为

$$\psi(x,y,z,t)=\psi_p(x,y;z)\exp(\mathrm{j}\omega_0 t),\tag{2.3.1}$$

其中，$\psi_p(x,y;z)$ 是未知的。在光学中，$\psi_p(x,y;z)$ 称为复振幅（complex amplitude），可

以看出它被携带在频率为 ω_0 的载波（carrier）上[电气工程中，ψ_p 称为相量（phasor）]。

由于光场一定满足波动方程，所以将其代入三维标量波动方程[式(2.2.4)]，在给定初始条件 $\psi_p(x,y;z=0)$ 时求解 $\psi_p(x,y;z)$ 。

将式(2.3.1)代入式(2.2.4)，得到 ψ_p 的亥姆霍兹方程（Helmholtz equation），即

$$\frac{\partial^2\psi_p}{\partial x^2}+\frac{\partial^2\psi_p}{\partial y^2}+\frac{\partial^2\psi_p}{\partial z^2}+k_0^2\psi_p=0,\quad k_0=\frac{\omega_0}{v}. \tag{2.3.2}$$

通过对式(2.3.2) 进行二维傅里叶变换，即 $\mathcal{F}_{xy}$ ，再经过进一步运算，可得

$$\frac{\mathrm{d}^2\Psi_p}{\mathrm{d}z^2}+k_0^2\left(1-\frac{k_x^2}{k_0^2}-\frac{k_y^2}{k_0^2}\right)\Psi_p=0, \tag{2.3.3}$$

式中，$\Psi_p(k_x,k_y;z)$ 是 $\psi_p(x,y;z)$ 的傅里叶变换。现在，可以很容易地解出上述方程：

$$\Psi_p(k_x,k_y;z)=\Psi_{p0}(k_x,k_y)\exp\left[-\mathrm{j}k_0\sqrt{1-k_x^2/k_0^2-k_y^2/k_0^2}\,z\right], \tag{2.3.4}$$

其中，

$$\Psi_{p0}(k_x,k_y)=\Psi_p(k_x,k_y;z=0)=\mathcal{F}_{xy}\{\psi_p(x,y;z=0)\}=\mathcal{F}_{xy}\{\psi_{p0}(x,y)\}.$$

可以通过考虑一个 $\Psi_{p0}(k_x,k_y)$ 为输入谱（即 $z=0$ 处），$\Psi_p(k_x,k_y;z)$ 为输出谱的线性系统来解释式(2.3.4)。总之，系统的空间频率响应由下式给出：

$$\frac{\Psi_p(k_x,k_y;z)}{\Psi_{p0}(k_x,k_y)}=\mathcal{H}(k_x,k_y;z)=\exp\left[-\mathrm{j}k_0\sqrt{1-k_x^2/k_0^2-k_y^2/k_0^2}\,z\right]. \tag{2.3.5}$$

这里，$\mathcal{H}(k_x,k_y;z)$ 称为光在介质中传播 z 距离的空间频率传递函数（spatial frequency transfer function）。图 2.8 为输入谱与输出谱的关系。

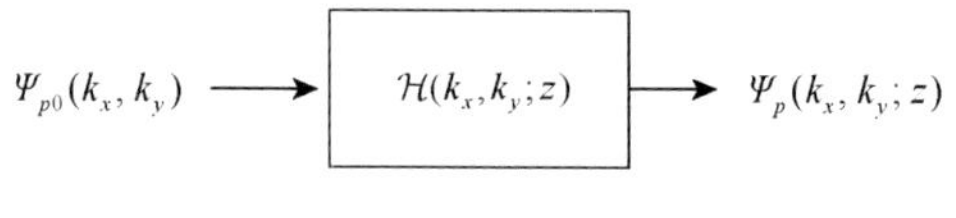

$\Psi_{p0}(k_x,k_y)$ → $\mathcal{H}(k_x,k_y;z)$ → $\Psi_p(k_x,k_y;z)$

图 2.8　传播时描述输入谱与输出谱关系的空间频率传递函数

例 2.2　亥姆霍兹方程的推导

将 $\psi(x,y,z,t)=\psi_p(x,y;z)\exp(\mathrm{j}\omega_0 t)$ 代入由式(2.2.4) 给出的三维标量波动方程，可得

$$\left[\frac{\partial^2\psi_p}{\partial x^2}+\frac{\partial^2\psi_p}{\partial y^2}+\frac{\partial^2\psi_p}{\partial z^2}\right]\exp(\mathrm{j}\omega_0 t)=\frac{(\mathrm{j}\omega_0)^2}{v^2}\psi_p(x,y;z)\exp(\mathrm{j}\omega_0 t)$$

或

$$\left[\frac{\partial^2\psi_p}{\partial x^2}+\frac{\partial^2\psi_p}{\partial y^2}+\frac{\partial^2\psi_p}{\partial z^2}\right]=\frac{-\omega_0^2}{v^2}\psi_p(x,y;z)=-k_0^2\psi_p,$$

这就是亥姆霍兹方程[式(2.3.2)]。其中，考虑了 $k_0=\omega_0/v$ 这一点，同时可以发现，亥姆霍兹方程没有包含时间变量。

例 2.3　式(2.3.3)的推导及其解

通过对式(2.3.2) 进行二维傅里叶变换，即 $\mathcal{F}_{xy}$，并利用表 1.1 的第 5 项，可得

$$\mathcal{F}_{xy}\left\{\frac{\partial^2\psi_p}{\partial x^2}+\frac{\partial^2\psi_p}{\partial y^2}+\frac{\partial^2\psi_p}{\partial z^2}+k_0^2\psi_p\right\}=0$$

或

$$-\left(k_x^2+k_y^2\right)\Psi_p(k_x,k_y;z)+\frac{\mathrm{d}^2\Psi_p(k_x,k_y;z)}{\mathrm{d}z^2}+k_0^2\Psi_p(k_x,k_y;z)=0,$$

重新整理成

$$\frac{\mathrm{d}^2\Psi_p}{\mathrm{d}z^2}+k_0{}^2\left(1-\frac{k_x{}^2}{k_0{}^2}-\frac{k_y{}^2}{k_0{}^2}\right)\Psi_p=0. \tag{2.3.6}$$

该方程的形式为

$$\frac{\mathrm{d}^2y}{\mathrm{d}z^2}+a^2y=0,$$

上式的解为 $y(z)=y_0\exp\left(-\mathrm{j}az\right)$，其中 $y_0=y(z=0)$ 为给定的初始条件。利用这一结果，式(2.3.6)的解变为

$$\begin{aligned}\Psi_p(k_x,k_y;z)&=\Psi_p(k_x,k_y;z=0)\exp\left(-\mathrm{j}k_0\sqrt{1-k_x^2/k_0^2-k_y^2/k_0^2}z\right)\\&=\Psi_{p0}(k_x,k_y)\exp\left(-\mathrm{j}k_0\sqrt{1-k_x^2/k_0^2-k_y^2/k_0^2}z\right),\end{aligned} \tag{2.3.7}$$

即式(2.3.4)。

为了求出空域位置 z 处的场分布，对式(2.3.7) 进行逆傅里叶变换：

$$\begin{aligned}\psi_p(x,y;z)&=\mathcal{F}_{xy}{}^{-1}\left\{\Psi_p(k_x,k_y;z)\right\}\\&=\frac{1}{4\pi^2}\iint\Psi_{p0}(k_x,k_y)\exp\left[-\mathrm{j}k_0\sqrt{1-k_x^2/k_0^2-k_y^2/k_0^2}z\right]\exp(-\mathrm{j}k_xx-\mathrm{j}k_yy)\mathrm{d}k_x\mathrm{d}k_y.\end{aligned} \tag{2.3.8}$$

现在，将 $\Psi_{p0}(k_x,k_y)=\mathcal{F}_{xy}\{\psi_{p0}(x,y)\}$ 代入式(2.3.8)，则 $\psi_p(x,y;z)$ 的表达式为

$$\begin{aligned}\psi_p(x,y;z)&=\iint\psi_{p0}(x',y')G(x-x',y-y';z)\mathrm{d}x'\mathrm{d}y'\\&=\psi_{p0}(x,y)*G(x,y;z).\end{aligned} \tag{2.3.9}$$

其中，

$$G(x,y;z)=\frac{1}{4\pi^2}\int\exp\left(-\mathrm{j}k_0\sqrt{1-k_x^2/k_0^2-k_y^2/k_0^2}z\right)\exp(-\mathrm{j}k_xx-\mathrm{j}k_yy)\mathrm{d}k_x\mathrm{d}k_y.$$

由式(2.3.9) 的结果可知，$G(x,y;z)$ 可看作光传播中的空间脉冲响应（spatial impulse response of propagation），对其求解可以得到（Poon and Banerjee，2001）：

$$G(x,y;z)=\frac{\mathrm{j}k_0\exp\left(-\mathrm{j}k_0\sqrt{x^2+y^2+z^2}\right)}{2\pi\sqrt{x^2+y^2+z^2}}\times\frac{z}{\sqrt{x^2+y^2+z^2}}\left(1+\frac{1}{\mathrm{j}k_0\sqrt{x^2+y^2+z^2}}\right).\qquad(2.3.10)$$

2.3.1 菲涅耳衍射

式(2.3.10) 使用起来非常复杂，需要对其做以下近似来得到傅里叶光学中常用的菲涅耳衍射公式。

（1）对于 $z\gg\lambda_0=2\pi/k_0$，即观察屏距离衍射孔有多个波长时的场分布，有

$$1+\frac{1}{\mathrm{j}k_0\sqrt{x^2+y^2+z^2}}\approx 1.$$

（2）利用二项式展开，因子

$$\sqrt{x^2+y^2+z^2}\approx z+\frac{x^2+y^2}{2z}.$$

若 $x^2+y^2\ll z^2$，则该条件称为傍轴近似（paraxial approximation）。若此近似被用于较为敏感的相位项，且只在式(2.3.10) 的第一项和第二项中较不敏感的分母中使用第一项展开式，那么 $G(x,y;z)$ 即所谓的傅里叶光学中的空间脉冲响应（spatial impulse response in Fourier optics）$h(x,y;z)$ [Poon and Banerjee，2001；Goodman，2005]为

$$h(x,y;z)=\exp(-\mathrm{j}k_0z)\frac{\mathrm{j}k_0}{2\pi z}\exp\left[\frac{-\mathrm{j}k_0(x^2+y^2)}{2z}\right].\qquad(2.3.11)$$

这时，若在式（2.3.9）中使用式(2.3.11)，可得

$$\begin{aligned}\psi_p(x,y;z)&=\psi_{p0}(x,y)*h(x,y;z)\\&=\exp(-\mathrm{j}k_0z)\frac{\mathrm{j}k_0}{2\pi z}\iint\psi_{p0}(x',y')\exp\left\{-\frac{\mathrm{j}k_0}{2z}\left[(x-x')^2+(y-y')^2\right]\right\}\mathrm{d}x'\mathrm{d}y'.\end{aligned}\qquad(2.3.12)$$

式(2.3.12) 称为菲涅耳衍射公式（Fresnel diffraction formula），它描述了具有任意初始复数轮廓 $\psi_{p0}(x,y)$ 的光束在传播过程中的菲涅耳衍射（Fresnel diffraction）。为了求得距入射屏（衍射屏的位置）z 处出射的场分布 $\psi_p(x,y;z)$，只需将入射场分布 $\psi_{p0}(x,y)$ 与空间脉冲响应 $h(x,y;z)$ 进行卷积即可。

通过对 $h(x,y;z)$ 进行二维傅里叶变换，可得

$$\begin{aligned}H(k_x,k_y;z)&=\mathcal{F}_{xy}\left\{h(k_x,k_y;z)\right\}\\&=\exp(-\mathrm{j}k_0z)\exp\left[\frac{\mathrm{j}\left(k_x^2+k_y^2\right)z}{2k_0}\right].\end{aligned}\qquad(2.3.13)$$

式中，$H(k_x,k_y;z)$ 称为傅里叶光学中的空间频率传递函数（spatial frequency transfer function in Fourier optics）。若假设 $k_x^2+k_y^2\ll k_0^2$，即波传播矢量的 x 和 y 分量相对较小，则可以直接推导出式(2.3.13)。从式(2.3.5) 可得出

$$\begin{aligned}\frac{\Psi_p(k_x,k_y;z)}{\Psi_{p0}(k_x,k_y)}&=\mathcal{H}(k_x,k_y;z)\\&=\exp\left[-\mathrm{j}k_0\sqrt{1-\left(k_x^2+k_y^2\right)/k_0{}^2}z\right]\\&\approx\exp(-\mathrm{j}k_0z)\exp\left[\frac{\mathrm{j}\left(k_x^2+k_y^2\right)z}{2k_0}\right]\\&=H(k_x,k_y;z).\end{aligned}$$

或

$$\Psi_p(k_x,k_y;z)=\Psi_{p0}(k_x,k_y)H(k_x,k_y;z). \tag{2.3.14}$$

图 2.9 以空间域（空域）和空间频率域（频域）方框图的形式总结了有关菲涅耳衍射的结论。

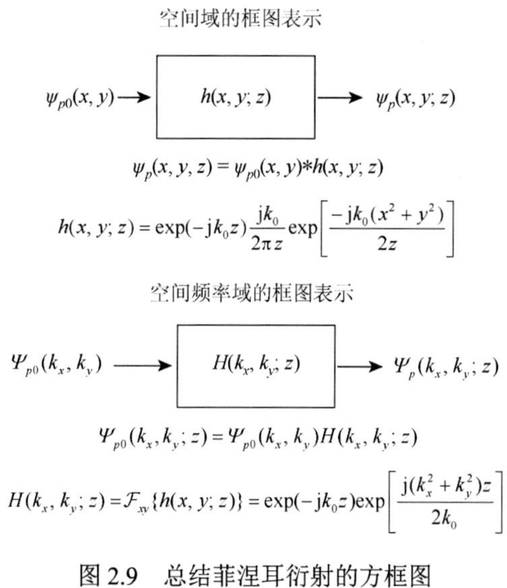

图 2.9　总结菲涅耳衍射的方框图

例 2.4　点源的衍射

点光源由 $\psi_{p0}(x,y)=\delta(x,y)$ 表示。由式(2.3.12) 可得该点源在距离 z 处的复光场为

$$\begin{aligned}\psi_p(x,y,z)&=\delta(x,y)*h(x,y;z)\\&=\exp(-\mathrm{j}k_0z)\frac{\mathrm{j}k_0}{2\pi z}\exp\left[-\frac{\mathrm{j}k_0(x^2+y^2)}{2z}\right].\end{aligned} \tag{2.3.15}$$

这一表达式为发散球面波（diverging spherical wave）的傍轴近似。指数函数辐角中的变量 z 称为球面波的曲率半径（radius of curvature）。当 $z>0$ 时，其波前是发散的，当 $z<0$ 时，其波前是会聚的。此时，可将式(2.3.15) 重写为

$$\psi_p(x,y,z)=\frac{\mathrm{j}k_0}{2\pi z}\exp\left[-\mathrm{j}k_0\left(z+\frac{x^2+y^2}{2z}\right)\right].$$

现在考虑指数函数的辐角，可以发现，利用二项式展开$\sqrt{x^2+y^2+z^2} \approx z+\frac{x^2+y^2}{2z}$，有

$$\psi_p(x,y,z) \simeq \frac{\mathrm{j}k_0}{2\pi z}\exp\left[-\mathrm{j}k_0(x^2+y^2+z^2)^{\frac{1}{2}}\right]$$

$$\simeq \frac{\mathrm{j}k_0}{2\pi R}\exp(-\mathrm{j}k_0 R), \tag{2.3.16}$$

这里，对于不太敏感的分母，让$z \simeq R$。对于一个发散的球面波，式(2.3.16) 对应于式(2.2.13)。

例 2.5　平面波的衍射

对于平面波来说，可以写成$\psi_{p0}(x,y)=1$，则$\Psi_{p0}(k_x,k_y)=4\pi^2\delta(k_x)\delta(k_y)$。利用式(2.3.14)，有

$$\Psi_p(k_x,k_y;z)=4\pi^2\delta(k_x)\delta(k_y)\exp(-\mathrm{j}k_0 z)\exp\left[\frac{\mathrm{j}\left(k_x^2+k_y^2\right)z}{2k_0}\right]$$

$$=4\pi^2\delta(k_x)\delta(k_y)\exp(-\mathrm{j}k_0 z).$$

其逆变换给出了平面波的表达式[式(2.2.9)]，即

$$\psi_p(x,y,z)=\exp(-\mathrm{j}k_0 z)$$

当平面波传播时，只获得了相移，正如预期的那样，是无衍射的。

2.3.2　方孔衍射

一般来说，当一个光场照射透过率函数是由$t(x,y)$给出的透明片时，若紧靠透明片前方的光的复振幅为$\psi_{i,p}(x,y)$，则紧靠透明片后方的复振幅为$\psi_{i,p}(x,y)t(x,y)$。在写该乘积的结果时，假设该透明片是无限薄的。

现在，考虑一个简单的情况，即一个单位振幅的平面波垂直入射到透明片$t(x,y)$上，在当前情况下，$\psi_{i,p}(x,y)=1$，那么从该透明片出射的光场为$1\times t(x,y)$，求距离该透明片位置为z处的场分布。这相当于任意光束轮廓的菲涅耳衍射，因为透明片改变了其入射平面波。该情况如图 2.10 所示。

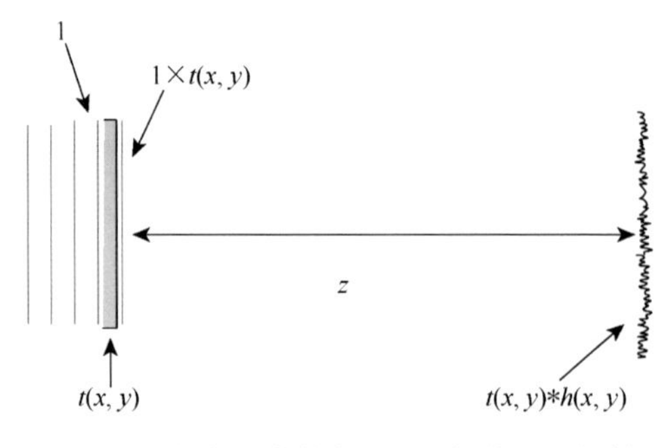

图 2.10　任意光束轮廓$t(x,y)$的菲涅耳衍射

进一步考虑一个具体的例子，其中 $t(x,y)=\mathrm{rect}(x/a,y/a)$，即对一个正方形的孔径进行 MATLAB 仿真。然后，在空间频率域实现 $\psi_p(x,y;z)=\psi_{p0}(x,y)*h(x,y;z)$，即利用式(2.3.14)，其中 $\psi_{p0}(x,y)$ 即为 $t(x,y)$，由 $\mathrm{rect}(x/a,y/a)$ 给出，$a=0.4336\mathrm{cm}$。其 m-文件 Fresnel_diffraction.m 如表 2.1 所示，生成如图 2.11 所示的三幅图。图 2.11(a)为正方形孔径 $\mathrm{rect}(x/a,y/a)$，它被一红光（$\lambda_0=0.6328\times10^{-4}\mathrm{cm}$）的平面波照射。图 2.11(b)和图 2.11(c)分别为方孔（square aperture）中心横截面 $|\psi_p(x,0;0)|$ 和位于 $z=5\mathrm{cm}$ 处的菲涅耳衍射振幅 $|\psi_p(x,0;z)|$。

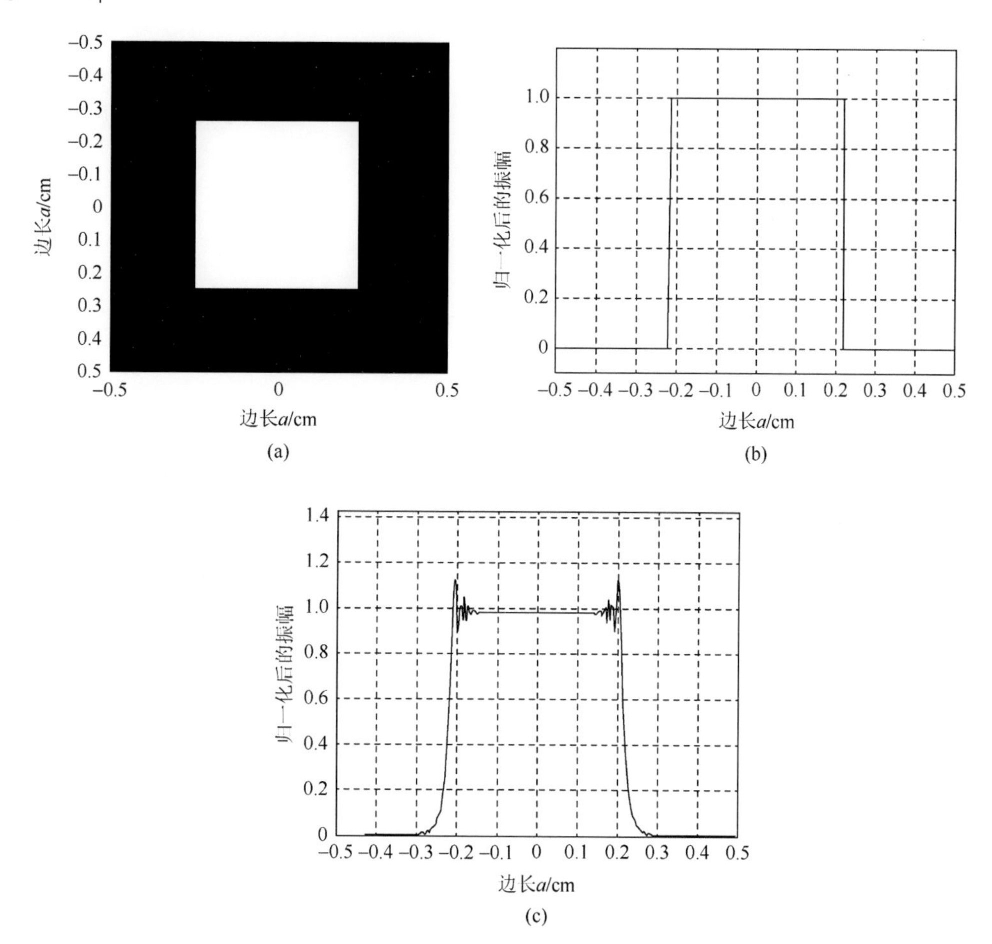

图 2.11　MATLAB 仿真；（a）正方形孔径；（b）方孔中心的横截面；（c）$z=5\mathrm{cm}$ 处衍射振幅中心的横截面

表 2.1　Fresnel_diffraction.m：方孔菲涅耳衍射的 m-文件

```
%Fresnel_diffraction.m
%Simulation of Fresnel diffraction of a square aperture
%Adapted from "Contemporary optical image processing with MATLAB®,"
%by T.-C. Poon and P. P. Banerjee, Elsevier 2001, pp. 64-65.
clear
L=1; %L : length of display area
N=256; %N : number of sampling points
dx=L/(N-1); % dx : step size
```

续表

```
%Create square image, M by M square, rect(x/a), M=odd number
M=111;
a=M/256
R=zeros(256); %assign a matrix (256x256) of zeros
r=ones(M); %assign a matrix (MxM) of ones
n=(M-1)/2;
R(128-n:128+n,128-n:128+n)=r;
%End of creating input image
%Axis Scaling
for k=1:256
X(k)=1/255*(k-1)-L/2;
Y(k)=1/255*(k-1)-L/2;
%Kx=(2*pi*k)/((N-1)*dx)
%in our case, N=256, dx=1/255
Kx(k)=(2*pi*(k-1))/((N-1)*dx)-((2*pi*(256-1))/((N-1)*dx))/2;
Ky(k)=(2*pi*(k-1))/((N-1)*dx)-((2*pi*(256-1))/((N-1)*dx))/2;
end
%Fourier transformation of R
FR=(1/256)^2*fft2(R);
FR=fftshift(FR);
%Free space impulse response function
% The constant factor exp(-jk0*z) is not calculated
%sigma=ko/(2*z)=pi/(wavelength*z)
%z=5cm,red light=0.6328*10^-4(cm)
sigma=pi/((0.6328*10^-4)*5);
for r=1:256,
for c=1:256,
%compute free-space impulse response with Gaussian apodization against aliasing
h(r,c)=j*(sigma/pi)*exp(-4*200*(X(r).^2+Y(c).^2))*exp(-j*sigma*(X(r).^2+Y(c).^2));
end
end
H=(1/256)^2*fft2(h);
H=fftshift(H);
HR=FR.*H;
H=(1/256)^2*fft2(h);
H=fftshift(H);
HR=FR.*H;
hr=ifft2(HR);
hr=(256^2)*hr;
hr=fftshift(hr);
%Image of the rectangle object
figure(1)
image(X,Y,255*R);
colormap(gray(256));
axis square
xlabel('cm')
ylabel('cm')
% plot of cross section of square
figure(2)
plot(X+dx/2,R(:,127))
grid
axis([-0.5 0.5 -0.1 1.2])
xlabel('cm')
figure(3)
plot(X+dx/2,abs(hr(:,127)))
grid
axis([-0.5 0.5 0 max(max(abs(hr)))*1.1])
xlabel('cm')
```

2.4　理想透镜、成像系统、光瞳函数和传递函数

2.4.1　理想透镜与光学傅里叶变换

2.3 节讨论了光通过孔径的衍射。本节讨论光通过理想透镜（ideal lens）的问题。理想透镜是一个相位物体。当一个理想聚焦（或凸面）透镜的焦距为 f 时，其相位传递函数 $t_f(x,y)$ 为

$$t_f(x,y)=\exp\left[\mathrm{j}\frac{k_0}{2f}(x^2+y^2)\right], \tag{2.4.1}$$

这里，假设理想透镜是无限薄的。对于入射到透镜上的一束均匀平面波，该透镜后方的波前为一个会聚的球面波（对于 $f>0$），同时在透镜后方理想地会聚为一个点光源（$z=f$ 处）。当应用菲涅耳衍射公式时[式(2.3.12)]，可以看到这种情况：

$$\psi_p(x,y,z=f)=\psi_{p0}(x,y)*h(x,y;z=f), \tag{2.4.2}$$

式中，$\psi_{p0}(x,y)$ 由 $1\times t_f(x,y)$ 给出；在 $t_f(x,y)$ 前的常数 1，表示有一个平面波（单位振幅）入射。例如，若有一个由轮廓为 $\exp\left[-a(x^2+y^2)\right]$ 给出的高斯光束（Gaussian beam）入射，则 $\psi_{p0}(x,y)$ 由 $\exp\left[-a(x^2+y^2)\right]t_f(x,y)$ 给出。现在，再回到式(2.4.2)，其中 $\psi_{p0}(x,y)=t_f(x,y)$，通过使用式(2.3.12)，有

$$\begin{aligned}\psi_p(x,y,f)&=\exp(-\mathrm{j}k_0 f)\frac{\mathrm{j}k_0}{2\pi f}\iint t_f(x',y')\times\exp\left\{\frac{-\mathrm{j}k_0}{2f}\left[(x-x')^2+(y-y')^2\right]\right\}\mathrm{d}x'\mathrm{d}y'\\&\propto\iint 1\exp\left[\frac{\mathrm{j}k_0}{2f}(x'^2+y'^2)\right]\exp\left[\frac{-\mathrm{j}k_0}{2f}(x'^2+y'^2-2xx'-2yy')\right]\mathrm{d}x'\mathrm{d}y'\\&=\iint 1\exp\left[\frac{\mathrm{j}k_0}{2f}(xx'+yy')\right]\mathrm{d}x'\mathrm{d}y',\end{aligned}$$

上式是 1 的二维傅里叶变换，是与 $\delta(x,y)$ 成比例的。

现在，再来研究紧贴理想透镜放置一个透明片 $t(x,y)$ 的情况，如图 2.12 所示。一般来说，$t(x,y)$ 为一个复函数，因此如果一个复光场 $\psi_{i,p}(x,y)$ 入射到其上，那么紧靠该透明片透镜组合后方的场为

$$\psi_{i,p}(x,y)t(x,y)t_f(x,y)=\psi_{i,p}(x,y)t(x,y)\exp\left[\frac{\mathrm{j}k_0}{2f}(x^2+y^2)\right].$$

再次，为简便起见，当单位振幅的平面波照射时，紧贴在组合后方的光场由 $1\times t(x,y)\exp\left[\mathrm{j}\frac{k_0}{2f}(x^2+y^2)\right]$ 给出。然后，利用菲涅耳衍射公式(2.3.12)，可以求得 $z=f$ 处的场分布为

$$\psi_p(x,y;z=f)=\exp(-\mathrm{j}k_0f)\frac{\mathrm{j}k_0}{2\pi f}\exp\left[\frac{-\mathrm{j}k_0}{2f}(x^2+y^2)\right]$$
$$\times\iint t(x',y')\exp\left[\frac{\mathrm{j}k_0}{2f}(xx'+yy')\right]\mathrm{d}x'\mathrm{d}y'$$
$$=\exp(-\mathrm{j}k_0f)\frac{\mathrm{j}k_0}{2\pi f}\exp\left[\frac{-\mathrm{j}k_0}{2f}(x^2+y^2)\right]\mathcal{F}_{xy}\{t(x,y)\}\Big|_{\substack{k_x=k_0x/f\\k_y=k_0y/f}},\qquad(2.4.3)$$

式中，x 和 y 为在 $z=f$ 处的横截面坐标（其中 x 朝上，y 朝向纸外）。因此，焦平面 $(z=f)$ 处的复光场正比于 $t(x,y)$ 的傅里叶变换，但有相位弯曲（phase curvature）项 $\exp\left[\frac{-\mathrm{j}k_0}{2f}(x^2+y^2)\right]$。可以发现，若 $t(x,y)=1$，即该透明片是完全透明的，则有 $\psi_p(x,y;z=f)\propto\delta(x,y)$。如前所述，它对应于一个透镜对平面波的聚焦。

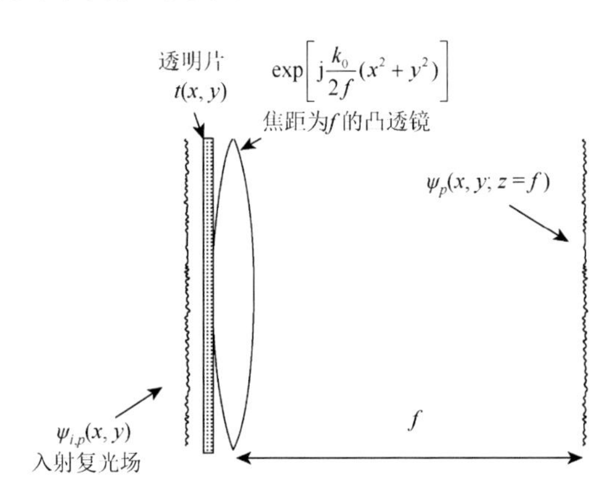

图 2.12　复光场照明下紧靠理想透镜前方放置透明片的情况

例 2.5　透明片位于透镜前方

假设一透明片 $t(x,y)$ 位于理想凸透镜前方 d_0 处，被如图 2.13 所示的单位强度的平面波照亮。实际情况如图 2.13(a)所示，可以用如图 2.13(b)所示的方框图来表示。根据方框图，可以写出

$$\psi_p(x,y;f)=\{[t(x,y)*h(x,y;d_0)]t_f(x,y)\}*h(x,y;f),\qquad(2.4.4)$$

其中，除某常数外，可计算得到

$$\psi_p(x,y;f)=\frac{\mathrm{j}k_0}{2\pi f}\exp[-\mathrm{j}k_0(d_0+f)]\exp\left[-\mathrm{j}\frac{k_0}{2f}\left(1-\frac{d_0}{f}\right)(x^2+y^2)\right]$$
$$\times\mathcal{F}_{xy}\{t(x,y)\}\big|_{\substack{k_x=k_0x/f\\k_y=k_0y/f}}.\qquad(2.4.5)$$

正如式(2.4.3)所述，从中可以看出，相位弯曲因子作为 x 和 y 的函数再次出现在傅里叶变换之前，此时如果进行光学傅里叶变换计算，则会产生相位误差。然而，在特殊情况 $d_0=f$ 时，相位弯曲消失。也就是说，由式(2.4.5)可知，通过忽略一些无关紧要的常数，可以得到

$$\psi_p(x,y;f)=\mathcal{F}_{xy}\{t(x,y)\}\big|_{\substack{k_x=k_0x/f\\k_y=k_0y/f}}=T\left(\frac{k_0x}{f},\frac{k_0y}{f}\right). \tag{2.4.6}$$

因此，当透明片放置在凸透镜的前焦面处时，相位弯曲消失，并在其后焦面上得到准确的傅里叶变换。对位于前焦面上“输入”透明片的傅里叶平面处理（Fourier-plane processing）现在可在后焦面上进行，这也是傅里叶光学进行相干图像处理（coherent image processing）的本质。

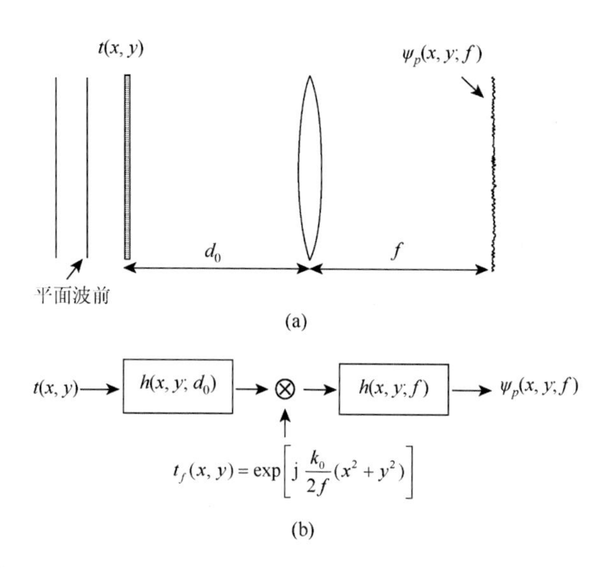

图 2.13　位于焦距为 f 的凸透镜前方 d_0 处的透明片 $t(x,y)$ 被平面波照射：（a）实际情况；（b）框图

2.4.2　相干图像处理

对相干图像处理来说，双透镜系统通常比较有吸引力，因为在如图 2.14 所示的结构中，输入透明片 $t(x,y)$ 的傅里叶变换出现在其共焦平面或傅里叶平面（Fourier plane）上。为了对输入透明片进行傅里叶平面处理，可以在傅里叶平面处插入一个透明片，从而可以适当修改输入透明片的傅里叶变换。

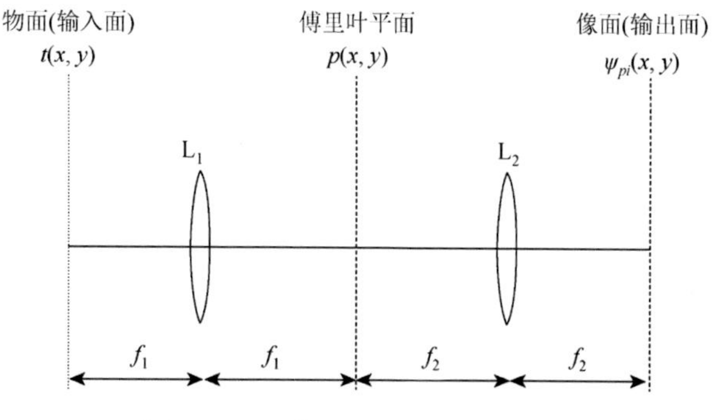

图 2.14　标准双透镜成像处理系统

该傅里叶平面上的透明片通常称为空间滤波器（spatial filter）$p(x,y)$，根据式(2.4.6)，当一个透明片 $t(x,y)$ 置于透镜 L_1 的前焦平面处时，如图 2.14 所示，其共焦平面处的场分布为 $T\left(\frac{k_0 x}{f_1},\frac{k_0 y}{f_1}\right)$。这里假设该透明片被一平面波照射。在被空间滤波器修改了其场分布后，最终可通过再次使用式(2.4.6)并忽略常数求得透镜 L_2 后焦面上的场分布 ψ_{pi}，即

$$\psi_{pi}(x,y)=\mathcal{F}_{xy}\left\{T\left(\frac{k_0 x}{f_1},\frac{k_0 y}{f_1}\right)p(x,y)\right\}\Big|_{\substack{k_x=k_0x/f_2\\ k_y=k_0y/f_2}},$$

由卷积公式可以推算出

$$\psi_{pi}(x,y)=t\left(\frac{x}{M},\frac{y}{M}\right)*\mathcal{F}_{xy}\{p(x,y)\}\Big|_{\substack{k_x=k_0x/f_2\\ k_y=k_0y/f_2}}$$

$$=t\left(\frac{x}{M},\frac{y}{M}\right)*P\left(\frac{k_0 x}{f_2},\frac{k_0 y}{f_2}\right). \tag{2.4.7}$$

式中，$M=-f_2/f_1$ 为放大系数；P 为 p 的傅里叶变换。通过对式(2.4.7)与式(1.2.2) 进行比较，可将双透镜系统的脉冲响应或相干点扩散函数（coherent point spread function，CPSF）描述为

$$h_c(x,y)=\mathcal{F}_{xy}\{p(x,y)\}\Big|_{\substack{k_x=k_0x/f_2\\ k_y=k_0y/f_2}}=P\left(\frac{k_0 x}{f_2},\frac{k_0 y}{f_2}\right). \tag{2.4.8}$$

式中，$p(x,y)$ 通常称为系统的光瞳函数（pupil function）。从中可以看出，相干点扩散函数由光瞳函数的傅里叶变换给出，如式(2.4.8) 所示。由定义可知，相应的相干传递函数（coherent transfer function）为相干点扩散函数的傅里叶变换：

$$H_c(k_x,k_y)=\mathcal{F}_{xy}\{h_c(x,y)\}=\mathcal{F}_{xy}\left\{P\left(\frac{k_0 x}{f_2},\frac{k_0 y}{f_2}\right)\right\}=p\left(\frac{-f_2 k_x}{k_0},\frac{-f_2 k_y}{k_0}\right). \tag{2.4.9}$$

在相干图像处理中，空间滤波（spatial filtering）直接与光瞳函数的函数形式成正比。其像面上的复光场可以表示为

$$\psi_{pi}(x,y)\propto t\left(\frac{x}{M},\frac{y}{M}\right)*h_c(x,y). \tag{2.4.10}$$

因此，相应的图像强度（image intensity）为

$$I_i(x,y)=\left|\psi_{pi}(x,y)\right|^2\propto\left|t\left(\frac{x}{M},\frac{y}{M}\right)*h_c(x,y)\right|^2. \tag{2.4.11}$$

2.4.3 非相干图像处理

目前为止讨论了物体的照明是空间相干的（spatially coherent），其中一个例子就是激光的使用。这意味着落在物体上的光的复振幅变化是一致的，即物体上任意两个点接收到的光具有固定的相对相位，其不随时间变化。另外，物体也可能是被具有以下特征的

光照射，即照在物体各部分上的光的复振幅是随机变化的，因此物体上任意两点接收到的照明光是空间非相干的（spatially incoherent）。来自扩展光源的光，如荧光灯的光就是非相干的。结果表明，一个相干系统关于复光场是线性的（coherent system is linear with respect to the complex fields），因此式(2.4.10) 和式(2.4.11) 对相干光学系统（coherent optical systems）是成立的。此外，非相干光学系统关于光强是线性的（an incoherent optical system is linear with respect to the intensities）。为了求出图像强度，对给定的强度进行卷积，如式(2.4.12) 所示：

$$I_i(x,y) \propto \left|t\left(\frac{x}{M},\frac{y}{M}\right)\right|^2 * \left|h_c(x,y)\right|^2. \tag{2.4.12}$$

该方程是非相干图像处理的基础。$\left|h_c(x,y)\right|^2$ 为非相干光学系统的脉冲响应，通常称为光学系统的强度点扩散函数（intensity point spread function，IPSF）。可以看到，强度点扩散函数为非负实数，这意味着它不可能直接进行，即使是最简单的图像增强和复原算法（如高通、导数等），还需要双极点扩散函数（bipolar point spread function，PSF）才可以（Lohmann and Rhodes，1978）。

通常，脉冲响应的傅里叶变换会给出一个传递函数，称为非相干成像系统的光学传递函数（optical transfer function，OTF）。对于这种情况，它可由下式给出，即

$$\mathrm{OTF}(k_x,k_y) = \mathcal{F}_{xy}\left\{\left|h_c(x,y)\right|^2\right\} = H_c(k_x,k_y) \otimes H_c(k_x,k_y), \tag{2.4.13}$$

上式可以明确地用相干传递函数 H_c 来表示：

$$\mathrm{OTF}(k_x,k_y) = \iint H_c^*(k_x',k_y')H_c(k_x'+k_x,k_y'+k_y)\mathrm{d}k_x'\mathrm{d}k_y'. \tag{2.4.14}$$

注意，通过相关性可知，光学传递函数的一个最重要的性质为

$$\left|\mathrm{OTF}(k_x,k_y)\right| \leqslant \left|\mathrm{OTF}(0,0)\right|. \tag{2.4.15}$$

该性质表明，光学传递函数总有一个中心极大值，无论系统中使用的光瞳函数是什么，都表示低通滤波（lowpass filtering）（Lukosz，1962）。

例 2.6　相干传递函数和光学传递函数

考虑一个双透镜系统，如图 2.14 所示，其中，$f_1 = f_2 = f$，且 $p(x,y) = \mathrm{rect}(x/X)$，即沿 y 方向的狭缝宽度为 X。利用式(2.4.9)可知其相干传递函数为

$$H_c(k_x,k_y) = \mathrm{rect}\left(\frac{x}{X}\right)\Big|_{x=-fk_x/k_0} = \mathrm{rect}\left(\frac{k_x}{Xk_0/f}\right). \tag{2.4.16}$$

将该式绘制于图 2.15(a)。此时，其光学传递函数由式(2.4.13)计算所得，即 H_c 的自相关，如图 2.15(b)所示。在这两种情况下对输入图像的空间频率进行低通滤波（lowpass filtering）。与相干照明相比，在非相干照明下，可传输 2 倍于空间频率范围的图像。然而，图像频谱因光学传递函数的形状而被修改。

现在考虑

$$p(x,y) = \left[\mathrm{rect}\left(\frac{x-x_0}{X}\right) + \mathrm{rect}\left(\frac{x+x_0}{X}\right)\right],\quad x_0 > \frac{X}{2}.$$

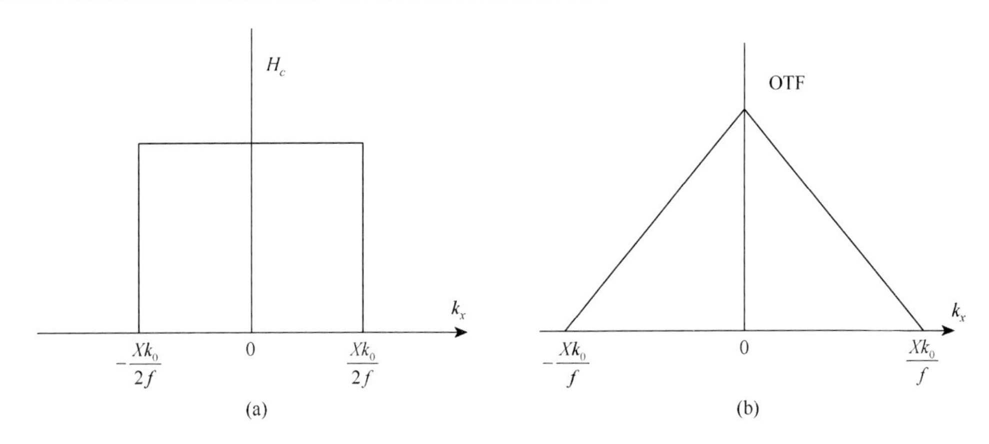

图 2.15　双透镜系统：（a）相干传递函数；（b）光学传递函数［光瞳函数 $p(x,y)=\text{rect}(x/X)$］

它是一个沿 y 方向排列的双缝物体。其相干传递函数为

$$
\begin{aligned}
H_c(k_x,k_y) &= \left[\text{rect}\left(\frac{x-x_0}{X}\right)+\text{rect}\left(\frac{x+x_0}{X}\right)\right]\Bigg|_{x=-\frac{fk_x}{k_0}} \\
&= \text{rect}\left(\frac{-k_x-\dfrac{x_0k_0}{f}}{\dfrac{Xk_0}{f}}\right)+\text{rect}\left(\frac{-k_x+\dfrac{x_0k_0}{f}}{\dfrac{Xk_0}{f}}\right).
\end{aligned}
$$

在图 2.16(a)中绘制 $H_c(k_x,k_y)$，在图 2.16(b)中绘制相应的光学传递函数，可以发现在相干照明情况下有可能实现带通滤波（bandpass filtering），但由于非相干处理的点扩散函数是正实数，因此总会产生固有的低通特性[式(2.4.13)]。大量研究集中在通过非相干图像处理技术实现带通特性的设计方法（Lohmann and Rhodes，1978；Stoner，1978；Poon and Korpel，1979；Mait，1987），在非相干光学系统中，双极（bipolar）或复（complex）点扩散函数（point spread functions，PSFs）的合成是有可能的。这种技术称为双极非相干图像处理（bipolar incoherent image processing）。Indebetouw 和 Poon（1992）的文章对双极非相干图像处理进行了全面综述。

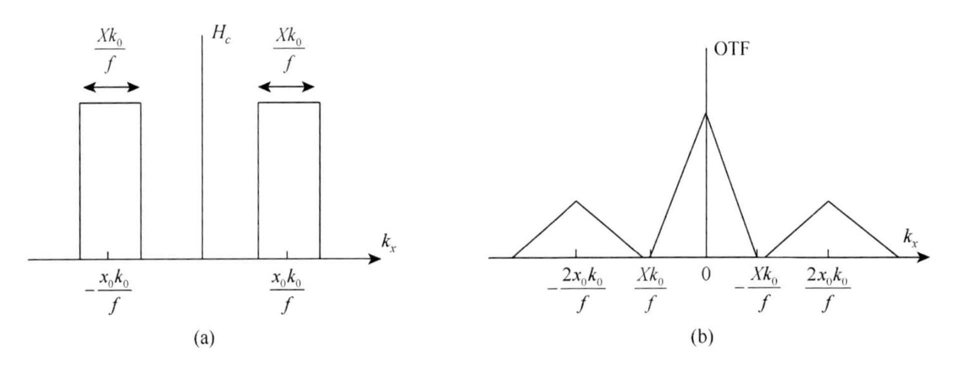

图 2.16　双缝物体：（a）相干传递函数；（b）光学传递函数（光瞳函数 $p(x,y)=\text{rect}\left[(x-x_0)/X\right]+\text{rect}\left[(x+x_0)/X\right]$）

2.5　全　息　术

2.5.1　菲涅耳波带板作为点源的全息图

照片是三维场景的二维记录。在记录胶片上记录的实际上是光的强度，因为胶片只对光强变化敏感。因此，显影胶片的振幅透过率为 $t(x,y) \propto I(x,y) = |\psi_p|^2$，其中 ψ_p 为胶片上的复光场。这种强度记录的方式使所有关于原始三维场景中光波相对相位的信息都丢失了。光场中相位信息的丢失会破坏场景的三维特性，也就是说不能从不同角度[即视差（parallax）]来观察和改变照片中图像的视角，因此无法给出原始三维场景的深度信息。

以位于原点的点源的摄影记录为例，点源与胶片的距离为 z_0，如图 2.17(a)所示。那么，根据式(2.3.15)，其紧靠胶片前的复光场为

$$\begin{aligned}\psi_p(x,y;z_0) &= \delta(x,y) * h(x,y;z_0)\\ &= \exp(-\mathrm{j}k_0 z_0)\frac{\mathrm{j}k_0}{2\pi z_0}\exp\left[-\frac{\mathrm{j}k_0(x^2+y^2)}{2z_0}\right].\end{aligned}$$

因此，显影胶片的振幅透过率为

$$t(x,y) \propto I(x,y) = |\psi_p(x,y;z_0)|^2 = \left(\frac{k_0}{2\pi z_0}\right)^2. \tag{2.5.1}$$

可以发现，$\psi_p(x,y;z_0)$ 的相位信息完全丢失。现在，对位于 (x_0,y_0) 处的点源，如图 2.17(b)所示，紧靠胶片前的复光场为

$$\begin{aligned}\psi_p(x,y;x_0,y_0,z_0) &= \delta(x-x_0,y-y_0) * h(x,y;z_0)\\ &= \exp(-\mathrm{j}k_0 z_0)\frac{\mathrm{j}k_0}{2\pi z_0}\exp\left\{-\frac{\mathrm{j}k_0\left[(x-x_0)^2+(y-y_0)^2\right]}{2z_0}\right\}.\end{aligned}$$

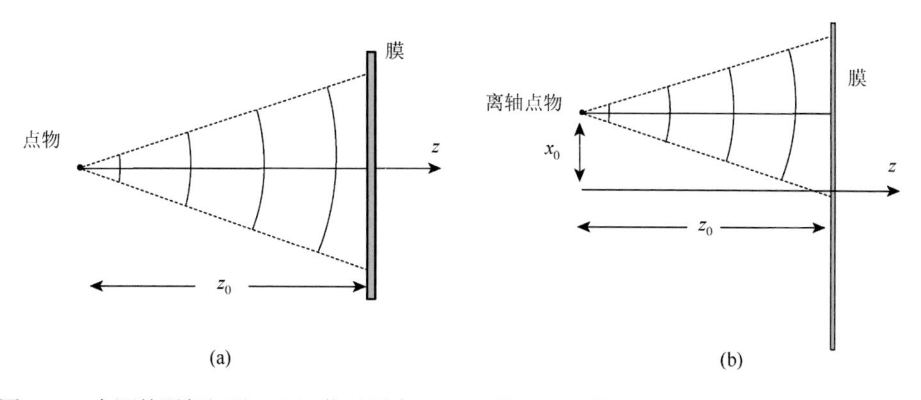

图 2.17　点源的照相记录：（a）位于原点（0, 0）处；（b）位于 (x_0,y_0) 处（均距胶片 z_0 处）

记录的是

$$t(x,y) \propto I(x,y) = \left|\psi_p(x,y;x_0,y_0,z_0)\right|^2 = \left(\frac{k_0}{2\pi z_0}\right)^2. \tag{2.5.2}$$

这与式(2.5.1)给出的结果相同。此外，$\psi_p(x,y;x_0,y_0,z_0)$ 的相位信息丢失且点源的三维位置 x_0、y_0 和 z_0 大部分都丢失了。

全息术是一项非凡的技术，由 Gabor（1948）发明，该技术不仅可以记录光场的振幅，还可以记录光场的相位。“全息术”这个词由两个希腊词组成：holos 意为“完整的”，graphein 意为“记录”。这样，全息术是指完整信息的记录。因此，在全息过程中，胶片记录光场的振幅和相位。由此产生的记录胶片被称为“全息图（hologram）”。当全息图被照亮时，一个精确的原三维波场的复制品被重建。这里以点物的全息记录为例进行讨论。一旦知道了单个点是如何被记录的，那么复杂物体的记录就可以看成是对一组点集合的记录。

图 2.18 为一束准直激光，将其分成两个平面波，然后通过两个反射镜（M）和两个分束镜（BS）后重新合成。其中，一个平面波用来照亮针孔孔径（即点源），而另一个用来直接照亮记录膜。被针孔孔径衍射的平面波将产生一个发散的球面波。在全息术中，该发散波被称为物波（object wave）。平面波直接照在感光板上，被称为参考波（reference wave）。设 ψ_o 为物波在记录膜平面上的场分布，同样 ψ_r 为参考波在记录膜平面上的场分布。现在，记录膜上记录了参考波和物波的干涉，即可以用 $|\psi_r+\psi_o|^2$ 表示记录情况，假定参考波和物波在记录膜上相干。激光光源的使用保证了光波的相干性，并保证了两路之间的差异小于激光的相干长度，这种记录被称为全息记录（holographic recording）。它与照相记录不同，在照相记录中不存在参考波，只有物波被记录。

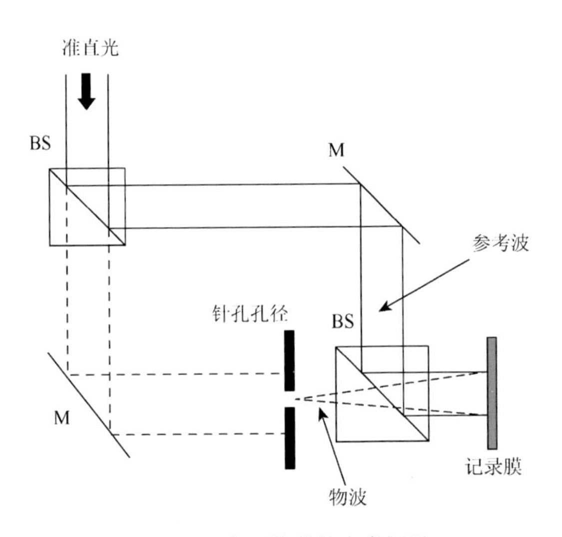

图 2.18　点源物体的全息记录

现在，考虑一个距离记录膜 z_0 处的离轴点物的记录，将其针孔孔径建模为 $\delta(x-x_0, y-y_0)$。根据菲涅耳衍射，记录膜上由点物产生的物波由下式给出，即

$$\psi_{\mathrm{o}} = \delta(x-x_0, y-y_0) * h(x,y;z_0)$$
$$= \exp(-\mathrm{j}k_0 z_0)\frac{\mathrm{j}k_0}{2\pi z_0}\exp\left\{-\frac{\mathrm{j}k_0\left[(x-x_0)^2+(y-y_0)^2\right]}{2z_0}\right\},$$

该物波为一个球面波（spherical wave）。

对于参考波，假设该平面波与距离记录膜 z_0 处的物波具有相同的初始相位。那么，其在膜上的场分布为 $\psi_{\mathrm{r}} = a\exp(-\mathrm{j}k_0 z_0)$，其中 a 为平面波的振幅。被记录在膜上的光强分布或全息图的透过率可由下式给出，即

$$t(x,y) \propto \left|\psi_{\mathrm{r}}+\psi_{\mathrm{o}}\right|^2 = \left|a + \frac{\mathrm{j}k_0}{2\pi z_0}\exp\left\{-\frac{\mathrm{j}k_0\left[(x-x_0)^2+(y-y_0)^2\right]}{2z_0}\right\}\right|^2$$
$$= A + B\sin\left\{\frac{k_0\left[(x-x_0)^2+(y-y_0)^2\right]}{2z_0}\right\}$$
$$= \mathrm{FZP}(x-x_0, y-y_0; z_0), \tag{2.5.3}$$

式中，$A = a^2 + \left(\dfrac{k_0}{2\pi z_0}\right)^2$，$B = \dfrac{k_0}{\pi z_0}$，$k_0 = 2\pi/\lambda_0$.

式(2.5.3)称为正弦菲涅耳波带板（Fresnel zone plate，FZP），它是一个点源物体的全息图。可以发现，波带板的中心指定了点源的位置 x_0 和 y_0，波带板的空间变化受二次空间相关性的正弦函数控制。对于一个轴上点源，即式(2.5.3)，$x_0 = y_0 = 0$，位于距离记录膜 z_0 处，则轴上菲涅耳波带板为

$$t(x,y) \propto \left|\psi_{\mathrm{r}}+\psi_{\mathrm{o}}\right|^2 = \left|a + \frac{\mathrm{j}k_0}{2\pi z_0}\exp\left[-\frac{\mathrm{j}k_0}{2z_0}(x^2+y^2)\right]\right|^2$$
$$= A + B\sin\left[\frac{k_0}{2z_0}(x^2+y^2)\right]$$
$$= \mathrm{FZP}(x,y;z_0). \tag{2.5.4}$$

现在来研究 $\mathrm{FZP}(x,y;z_0)$ 的二次空间相关性。沿 x 方向，波带板上相位的空间变化率为

$$f_{\mathrm{local}} = \frac{1}{2\pi}\frac{\mathrm{d}}{\mathrm{d}x}\left(\frac{k_0}{2z_0}x^2\right) = \frac{x}{\lambda_0 z_0}. \tag{2.5.5}$$

上式表示局部条纹频率随空间坐标 x 线性增加。它离开波带板原点中心越远，频率越高。对于全息图上的一个（局部）定点，可通过求解给定光波 λ_0 的局部条纹频率来推断其深度信息 z_0。因此，可以发现其深度信息被编码在菲涅耳波带板的相位中。图 2.19 为菲涅耳波带板特性与深度参数 z 的函数关系（对于 $z = z_0$ 和 $2z_0$），当点源距离记录面越远时，记录的菲涅耳波带板具有较低的局部条纹频率。

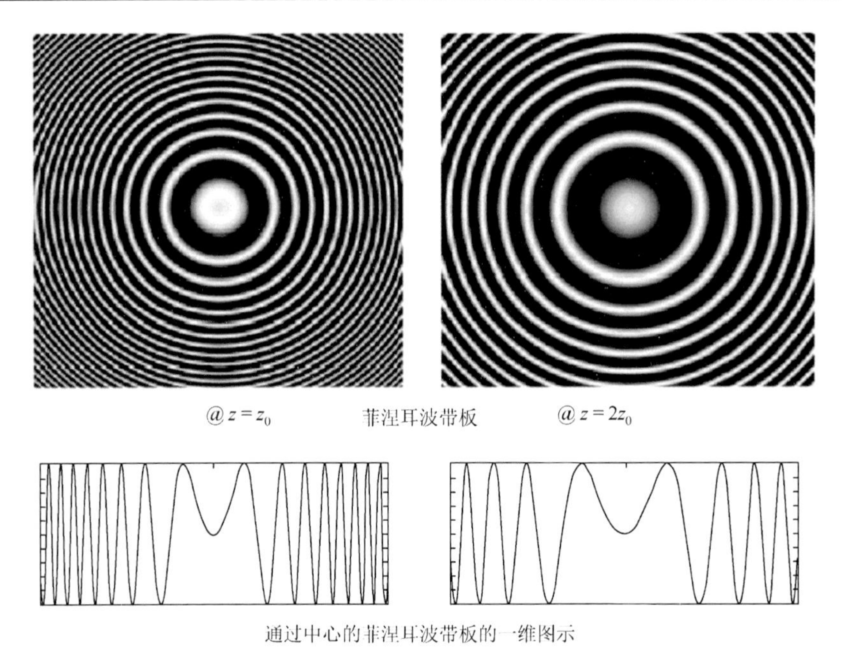

图 2.19　轴上菲涅耳波带板作为深度的函数 z

图 2.20 显示，当点源移动到一个新位置(x_0,y_0)时，波带板的中心也随之移动。因此，可以看到波带板包含点源完整的三维信息。波带板中心 x_0 和 y_0 定义了点物的横向位置，而条纹变化定义了其深度位置 z_0。表 2.2 给出了用于生成图 2.19 和图 2.20 菲涅耳波带板的 MATLAB 代码。对于一个任意的三维物体，可以把它看成一系列点的集合，想象成全息图上有一系列波带板的集合，其中每个波带板都携带了单独点的横向位置和深度信息。事实上，全息图被看作是一种菲涅耳波带板，之前我们已经通过波带板对其全息成像过程进行了讨论（Rogers，1950；Siemens-Wapniarski and Parker Givens，1968）。

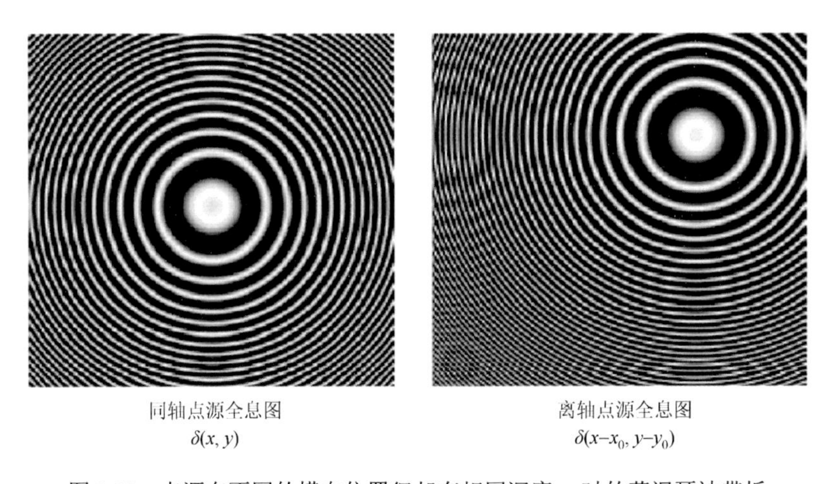

图 2.20　点源在不同的横向位置但却有相同深度 z_0 时的菲涅耳波带板

表 2.2　Fresnel_zone_plate.m：生成图 2.19 和图 2.20 FZPs 的 m-文件

```
%Fresnel_zone_plate.m
%Adapted from "Contemporary optical image processing with MATLAB®,"
%by T.-C. Poon and P. P. Banerjee, Elsevier 2001, pp.177-178.
%
%display function is 1+sin(sigma*((x-x0)^2+(y-y0)^2)). All scales are arbitrary.
%sigma=pi/(wavelength*z)
clear;
z0=input('z0, distance from the point object to film, enter z0 (from 2 to 10)=');
x0=input('Inputting the location of the center of the FZP x0=y0,enter x0 (from -8 to 8) =');
ROWS=256;
COLS=256;
colormap(gray(255))
sigma=1/z0;
y0=-x0;
y=-12.8;
for r=1:COLS,
x=-12.8;
for c=1:ROWS, %compute Fresnel zone plate
fFZP(r,c)=exp(j*sigma*(x-x0)*(x-x0)+j*sigma*(y-y0)*(y-y0));
x=x+.1;
end
y=y+.1;
end
%normalization
max1=max(fFZP);
max2=max(max1);
scale=1.0/max2;
fFZP=fFZP.*scale;
R=127*(1+imag(fFZP));
figure(1)
image(R);
axis square on
axis off
```

到目前为止讨论了点物到全息图上波带板的转换，它对应一个记录（recording）或编码过程（coding process）。为了从全息图中提取点物，需要一个重建（reconstruction）或解码过程（decoding process）。这可以简单地用重建波（reconstruction wave）照亮全息图来实现。图 2.21 对应轴上点物全息图的重建，即式(2.5.4) 给出的该全息图的重建。

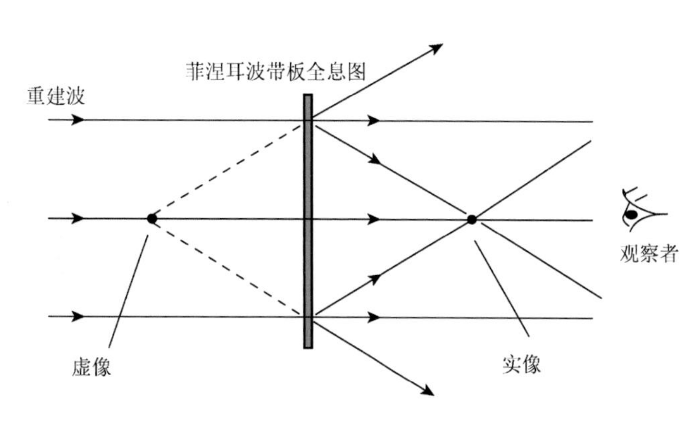

图 2.21　点光源物体的全息重建

可以发现，实际中，如图 2.21 所示，重建波通常与参考波相同。因此，取由 $\psi_{rc}(x,y)=a$ 给出的重建波来获得全息图平面上的场分布。因此，紧靠全息图后方的透射波的场分布

为 $\psi_{\mathrm{rc}}t(x,y)=at(x,y)$，再根据菲涅耳衍射，位于任意远距离 z 处的场可由下式给出，即

$$at(x,y)*h(x,y;z).$$

对于式(2.5.4)给出的点物全息图，在将全息图 $t(x,y)$ 的正弦项展开后，可得

$$t(x,y)=A+\frac{B}{2\mathrm{j}}\left\{\exp\left[\frac{\mathrm{j}k_0}{2z_0}(x^2+y^2)\right]-\exp\left[-\frac{\mathrm{j}k_0}{2z_0}(x^2+y^2)\right]\right\}.$$

因此，重建波照亮全息图可以得到三种波。根据卷积运算 $at(x,y)*h(x,y;z)$，这几种波具体如下。

零级光（zero-order beam）：

$$aA*h(x,y;z=z_0)=aA. \tag{2.5.6a}$$

实像（或孪生像）[real image(or the twin image)]：

$$\sim\exp\left[\frac{\mathrm{j}k_0}{2z_0}(x^2+y^2)\right]*h(x,y;z=z_0)\sim\delta(x,y). \tag{2.5.6b}$$

虚像（virtual image）：

$$\sim\exp\left[-\frac{\mathrm{j}k_0}{2z_0}(x^2+y^2)\right]*h(x,y;z=-z_0)\sim\delta(x,y). \tag{2.5.6c}$$

通过式(2.5.6c)的反向传播，在紧靠全息图后方传播距离 z_0 处，可以证明在全息图后面会形成一个虚像。如图 2.21 所示，该虚像的光场对应于全息图后方的一束发散波。可以发现，零级光是由全息图的偏置引起的，而虚像是重建的原始点物，实像位于全息图前方 z_0 处，也就是所谓的孪生像（twin image）。

图 2.22 显示了三个点物的全息记录及其重建。可以发现，虚像重建在和原始物体一样的三维位置处，而实像（孪生像）是原物的镜像，其反射轴在全息图平面上。

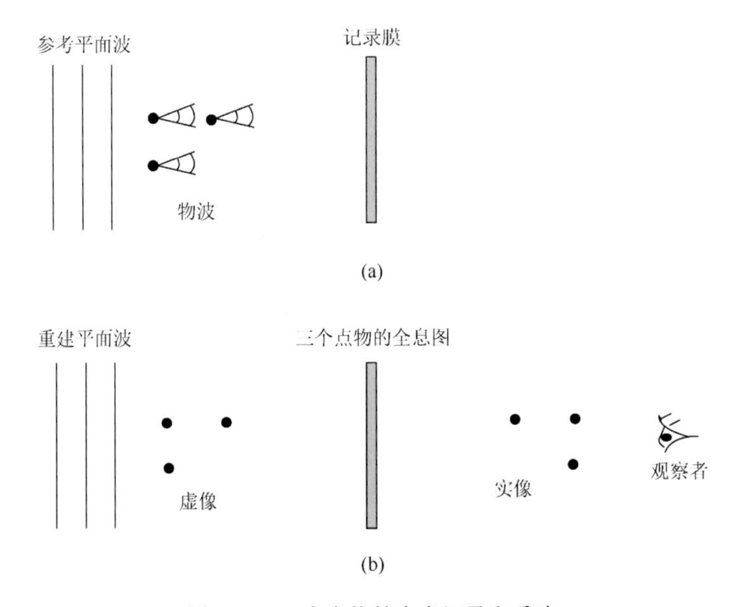

图 2.22　三个点物的全息记录和重建

2.5.2　离轴全息术

2.5.1 节讨论了同轴全息（on-axis holography）。“同轴”一词是指使用参考波与物波同轴地照亮全息图。尽管该技术可以记录物体的三维信息，但当观察重建的虚像时，它同样会产生一种噪声效应。其实像（或孪生像）也将沿观察方向被重建（图 2.21 和图 2.22）。在全息中，这就是“孪生像问题（twin-image problem）”。

离轴全息术（off-axis holography）是 Leith 和 Upatnieks（1962）[①]发明的一种方法，用于将孪生像和零级光从所需图像中分离出来。为了实现离轴记录，平面波参考光需要离轴入射到记录膜上。回到图 2.18，这可以简单地实现，例如，在针孔孔径和记录膜之间顺时针旋转分束镜（BS），使参考平面波以一定角度入射到记录膜上。如图 2.23 所示，其中平面波参考光以角度 θ 入射，θ 角在离轴全息记录中称为记录角（recording angle）。

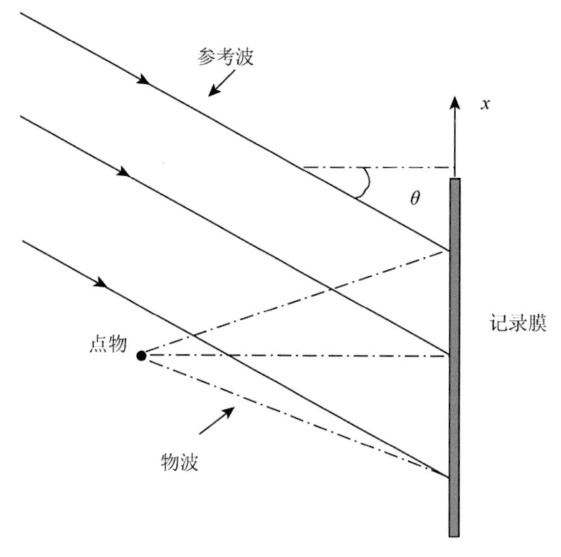

图 2.23　离轴平面波参考光记录（点物距离记录膜为 z_0）

对于离轴记录，有 $t(x,y)=|\psi_r+\psi_o|^2$，其中平面波参考光为 ψ_r，现在是一个离轴平面波，为 $a\exp(jk_0x\sin\theta)$。其物波 ψ_o 是由同轴点源产生的球面波。类似于式(2.5.3)，对于一个轴上点物，$x_0=y_0=0$，现在有

$$t(x,y)=\left|a\exp(jk_0x\sin\theta)+\frac{jk_0}{2\pi z_0}\exp\left[-\frac{jk_0(x^2+y^2)}{2z_0}\right]\right|^2$$
$$=A+B\sin\left[\frac{k_0}{2z_0}(x^2+y^2)+k_0x\sin\theta\right], \quad (2.5.7)$$

① 译者修改。此处，原著的文献时间为 1964 年，已更正为 1962 年。

式中，$A=a^2+\left(\dfrac{k_0}{2\pi z_0}\right)^2$；$B=\dfrac{k_0}{\pi z_0}$。$t(x,y)$由式(2.5.7)给出，称为离轴全息图（off-axis hologram），式(2.5.7)可以展开成三项，即

$$t(x,y)=A+\frac{B}{2\mathrm{j}}\left\{\exp\left[\mathrm{j}\left[\frac{k_0}{2z_0}(x^2+y^2)+k_0x\sin\theta\right]\right]-\exp\left[-\mathrm{j}\left[\frac{k_0}{2z_0}(x^2+y^2)+k_0x\sin\theta\right]\right]\right\}.$$

通过用与参考波相同的重建波照射全息图，可在紧靠全息图的后方得到$\psi_{\mathrm{rc}}t(x,y)$，其中，$\psi_{\mathrm{rc}}=a\exp(\mathrm{j}k_0x\sin\theta)=\psi_{\mathrm{r}}$。与同轴全息一样，通过菲涅耳衍射，可以得到$\psi_{\mathrm{rc}}t(x,y)*h(x,y;z)$，从而产生如下三种波。

零级光：

$$Aa\exp(\mathrm{j}k_0x\sin\theta)*h(x,y;z=z_0)\sim\exp(\mathrm{j}k_0x\sin\theta). \tag{2.5.8a}$$

实像（或孪生像）：

$$a\exp(\mathrm{j}k_0x\sin\theta)\exp\left[\mathrm{j}\left[\frac{k_0}{2z_0}(x^2+y^2)+k_0x\sin\theta\right]\right]*h(x,y;z=z_0)\sim\delta(x+2z_0\sin\theta,y). \tag{2.5.8b}$$

虚像：

$$a\exp(\mathrm{j}k_0x\sin\theta)\exp\left[-\mathrm{j}\left[\frac{k_0}{2z_0}(x^2+y^2)+k_0x\sin\theta\right]\right]*h(x,y;z=-z_0)\sim\delta(x,y). \tag{2.5.8c}$$

具体情况如图 2.24 所示。

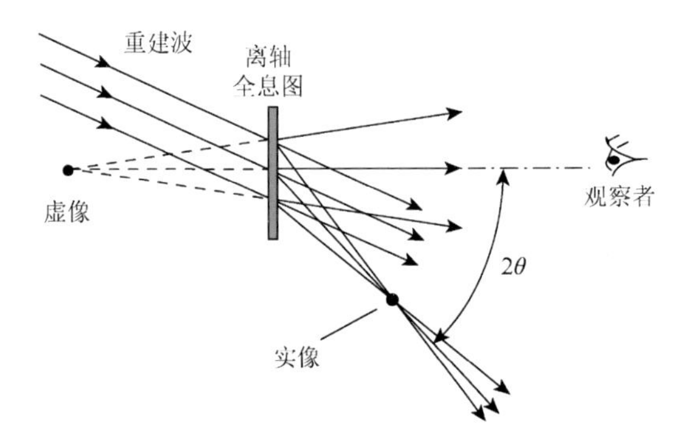

图 2.24　离轴全息图的全息重建[若θ足够大，则不能观察到孪生像（或实像）]

2.5.3　数字全息术

正如 2.5.2 节讨论的，对于离轴全息重建，三束重建光束将沿不同方向传播，如果记录角足够大，那么其虚像可以不受任何零级光和实像的干扰并被观察到。这种离轴记录技术也称为载频全息（carrier-frequency holography）。将式(2.5.7) 改写为

$$t(x,y)=A+B\sin\left[\frac{k_0}{2z_0}(x^2+y^2)+2\pi f_{\mathrm{c}}x\right], \tag{2.5.9}$$

式中，$f_c = k_0\sin\theta / 2\pi = \sin\theta / \lambda_0$ 为空间载波（spatial carrier①）的频率。对于实际的参数值，红光 $\lambda_0 = 0.6\text{m}$ 且 $\theta = 45°$，有 $\sin\theta / \lambda_0 \sim 1000$周期/毫米。这可转换成至少 1000 线对/毫米（lp/mm）的记录膜分辨率，以便用于全息记录。普通全息记录膜的分辨率约为 5000lp/mm。相比来说，标准黑白记录膜的分辨率为 80～100lp/mm，彩色记录膜的分辨率为 40～60lp/mm。但是，可以使用 CCD 相机进行全息记录吗？如果能做到这一点，就可以避开暗室记录膜的处理过程，从而实时或数字地记录全息信息。市场上一些好的 CCD 相机，如佳能（Canon）D60（3072 像素×2048 像素，67.7lp/mm，7.4μm 像素），因其分辨率比全息记录膜的分辨率低几个数量级，所以无法有效地记录离轴全息图。可以看出，离轴记录对电子记录介质提出了严格的分辨率要求。我们可以通过缩小记录角来放宽对分辨率的要求，但这种需要非常小的记录角的方法有些不切实际。正因为如此，同轴全息似乎在数字全息中很受欢迎（Piestun et al.，1997）。此外，在使用同轴全息时，需要解决孪生像问题。因此，孪生像的消除问题是一个重要的研究课题（Poon et al.，2000）。

虽然已经讨论了电子或数字的全息记录，但对于重建，也可以进行数字处理。一旦全息信息是电子或数字的形式，那么就可以通过卷积 $at(x,y)*h(x,y;z)$ 进行菲涅耳衍射计算，其中 a 为重建波的某一常数振幅，$t(x,y)$ 为记录的全息图，$h(x,y;z)$ 为傅里叶光学中的空间脉冲响应。对于 z 取不同值，即 $z = z_1 = z_2$ 等，可以重建垂直于全息图的不同平面，那么就能够对整个三维物体进行逐层重构，情况如图 2.25 所示。

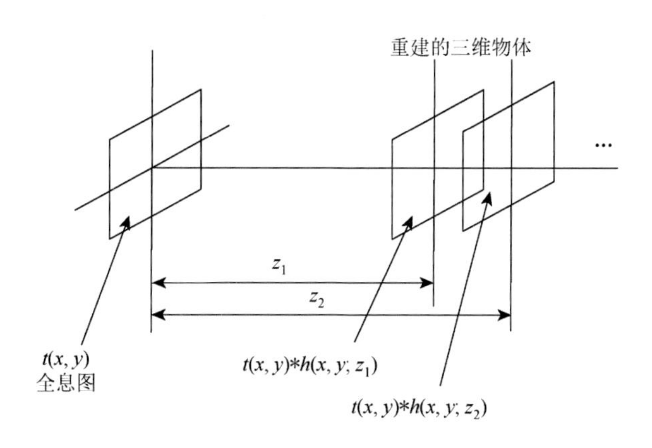

图 2.25　数字全息重建

利用电子或数字记录全息图的另一种方法是将其显示在某种空间光调制器（spatial light modulator，SLM）上，以用于实时相干重建。二维空间光调制器是一种可以通过激光束透射（或激光束在该设备上反射）在该激光束上印二维图案的设备。液晶电视（liquid crystal television，LCTV）（经过适当改装）就是一个空间光调制器的很好的例子。事实上，可以把空间光调制器看作一种实时的透明片，因为可以实时地更新空间光调制

① 式（2.5.9）中，$\sin 2\pi f_c x$ 称为空间载波，它为了传递信息而携带了信息信号，载波的频率通常比信息信号的频率高得多，在此情况下，其信息为 $\dfrac{k_0}{2z_0}(x^2 + y^2)$。

器上的二维图像或全息图，而无须处理记录膜使其变成透明片。此外，离轴全息记录对空间光调制器有严格的分辨率要求，在第 4 章讨论三维显示的应用时再回到这个问题。

总而言之，本节提到了全息信息的电子或数字记录及其处理。此类研究通常称为数字（或电子）全息[digital (or electronic) holography]。读者可以在 Goodman 和 Lawrence（1967）的著作中看到其开创性的贡献。自此，数字全息技术成为一种实用工具（Schnars and Juptner，2002）。在最近出版的一本以此为主题的书中，一系列关键章节都涵盖了数字全息和三维显示技术，从而为读者提供了世界各地有关这些重要领域的最新进展（Poon，2006）。从下一章开始，将讨论一种独特的电子全息记录技术，称为光学扫描全息（optical scanning holography）。

参 考 文 献

2.1 Banerjee, P.P. and T.-C. Poon (1991). *Principles of Applied Optics*. Irwin, Illinois.

2.2 Gabor, D. (1948). A new microscopic principle. *Nature*.

2.3 Goodman, J. W. and R.W. Lawrence (1967). Digital image formation from electronically detected holograms,

2.4 Goodman, J. W. (2005). *Introduction to Fourier Optics*. 3rd. ed., Roberts and Company Publishers, Englewood, Colorado.

2.5 Indebetouw, G. and T.-C. Poon (1992). Novel approaches of incoherent image processing with emphasis on scanning methods, *Optical Engineering* 31, 2159-2167.

2.6 E. N. Leith and J. Upatnieks (1962). Reconstructed wavefronts and communication theory, *Journal of the Optical Society of America* 52, 1123-1130.

2.7 Lohmann A.W. and W. T. Rhodes (1978). Two-pupil synthesis of optical transfer functions, *Applied Optics* 17, 1141-1150.

2.8 Lukosz, W. (1962). Properties of linearlow pass filters for non-negative signals, *Journal of the Optical Society of America* 52, 827-829.

2.9 Mait, J. N. (1987). Pupil-function design for complex incoherent spatial filtering, *Journal of the Optical Society of America A* 4, 1185- 1193.

2.10 Piestun R., J. Shamir, B. Wekamp, and O. Bryngdahl (1997). On-axis computer-generated holograms for three-dimensional display, *Optics Letters* 22, 922-924.

2.11 Poon, T.-C. and A. Korpel (1979). Optical transfer function of an acousto-optic heterodyning image processor, *Optics Letters* 4, 317-319.

2.12 Poon, T.-C., T. Kim, G. Indebetouw, B. W. Schilling, M. H. Wu, K. Shinoda, and Y. Suzuki (2000). Twin-image elimination experiments for three-dimensional images in optical scanning holography, *Optics Letters* 25, 215-217.

2.13 Poon T.-C. and P. P. Banerjee (2001). *Contemporary Optical Image Processing with MATLAB* . ® Elsevier, Oxford, UK.

2.14 Poon, T.-C., ed., (2006). *Digital Holography and Three-Dimensional Display: Principles and Applications*. Springer, New York, USA.

2.15 Rogers, G.L. (1950). The black and white holograms, *Nature* 166, 1027.

2.16 Siemens-Wapniarski, W.J. and M. Parker Givens (1968). The experimental production of synthetic holograms, *Applied Optics* 7, 535-538.

2.17 Stoner, W. (1978). Incoherent optical processing via spatially offset pupil masks, *Applied Optics* 17, 2454-2466.

2.18 Schnars, U. and W. P. O. Juptner (2002). Digital recording and numerical reconstruction of holograms, *Meas. Sci. Technol.*13, R85-R101.

第3章 光学扫描全息理论

光学扫描全息（optical scanning holography，OSH）是一种电子（或数字）形式的全息。它是一种独特的实时技术，其三维物体的全息信息可通过单一的二维光学扫描获得。Poon 和 Korpel（1979）在通过声光学外差图像处理器研究双极非相干图像处理时，首次提出光学扫描全息的概念。他最初的想法后来被公式证明和描述，并称为扫描全息术（scanning holography）（Poon，1985）。接着首次实验结果被证实，为了强调主动光学扫描可实现全息记录这一新颖事实，该技术最终被称为光学扫描全息术（Duncan and Poon，1992）。到目前为止，光学扫描全息的应用包括扫描全息显微术（Poon et al.，1995）、三维图像识别（Poon and Kim，1999）、三维光学遥感（Poon and Kim，1999）、三维电视和显示（Poon，2002a）及三维加密（Poon et al.，2003）。扫描全息显微术（scanning holographic microscopy）是目前利用光学扫描全息最先进的技术，与其他全息显微术不同，扫描全息显微术具有可获取荧光标本三维全息信息的独特性质。最近，科学家已能利用全息荧光显微实现超过 1μm 的分辨率（Indebetouw and Zhong，2006）。为了更好地理解光学扫描全息，在第 1 章和第 2 章已经学习了数学和光学的必要基本知识，本章将讨论光学扫描全息的基本原理，第 4 章将详细讨论之前提到的光学扫描全息的一些应用。最后，第 5 章将讨论光学扫描全息的一些最新研究进展。

3.1 光学扫描原理

光学扫描全息包括主动光学扫描和光学外差（optical heterodyning）。本节讨论光学扫描的基础知识。光学扫描仪或光学处理器通过移动光束或透明片经光束扫描得到光透过率，即信息。光电探测器接收所有的光并给出电子输出，并通过某种方式进行存储或显示。因此，光信息被转换成电信息。

图 3.1 为一个标准的主动扫描图像处理系统。频率为 ω_0 的一束平面波（如在实际中使用激光）照亮一个光瞳函数 $p(x,y)$，从光瞳出射的复光场通过 x-y 光学扫描镜投射出来，扫描由透过率 $\Gamma_0(x,y)$ 给定的输入物体。光电探测器（photodetector，PD）接收所有的光，进而输出包含由对扫描物体信息处理过的电信号。若扫描的电信号在进行数字储存（即在电脑中）的同时，与扫描装置（如 x-y 光学扫描镜）的二维扫描信号保持同步，那么其作为二维记录存储的内容就是被扫描物体处理的图像。

现在讨论光电探测，从而明确光信息是如何被转换成电信息的。假设光电探测器的表面在 $z=0$ 平面上，且入射到探测器表面的复光场为 $\psi_p(x,y)\exp(\mathrm{j}\omega_0 t)$，如图 3.2 所示。由于光电探测器只对强度响应，即 $\left|\psi_p \exp(\mathrm{j}\omega_0 t)\right|^2$，通过对探测器光敏面 D 上的强度进行空间积分并以此作为输出电流 i，有

$$i \propto \int_D \left|\psi_p \exp(\mathrm{j}\omega_0 t)\right|^2 \mathrm{d}x\mathrm{d}y = \int_D \left|\psi_p\right|^2 \mathrm{d}x\mathrm{d}y. \tag{3.1.1}$$

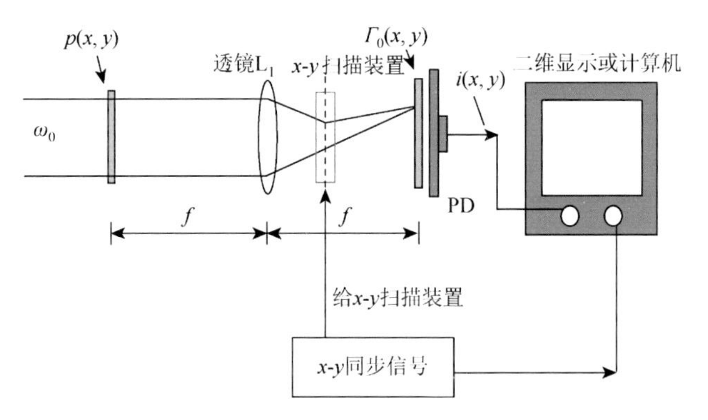

图 3.1　主动光学扫描图像处理系统

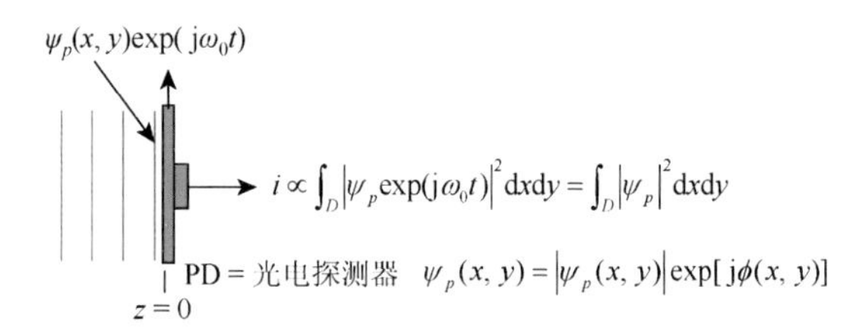

图 3.2　光学直接检测

例如，入射场是振幅为 A 的平面波，即 $\psi_p = A$，其输出电流为

$$i \propto \int_D |A|^2 \mathrm{d}x\mathrm{d}y = A^2 D, \tag{3.1.2}$$

这是一个常数。然而，举例来说，如果光已经被强度调制，即 $\left|\psi_p\right|^2 = m(t)$，其中 $m(t)$ 为调制信号，那么电流的输出将随调制的变化而变化。这一结论在激光通信系统非常有用（Pratt，1969）。

由于 $\psi_p(x,y) = \left|\psi_p(x,y)\right| \exp\left[\mathrm{j}\phi(x,y)\right]$，其输出电流只包含幅度信息，即 $|\psi_p|$，相位信息完全丢失。这种类型的光电探测称为光学直接检测（optical direct detection）［或光学非相干检测（optical incoherent detection）］。

一旦理解了光电探测，就可以回到图 3.1 来计算对于给定透明片 $\Gamma_0(x,y)$ 经扫描后的电流输出。如图 3.3 所示，假设光束穿过移动的透明片 Γ_0，在图 3.3 中，光电探测器平面在 x'-y' 平面上，由复光场 $b(x',y')$ 给定的扫描光束固定在 x'-y' 平面的原点处。通过扫描或采样，Γ_0 上的点（x, y 为透明片的坐标）逐次与 x'-y' 平面上的光束中心（$x'=0, y'=0$）重合。

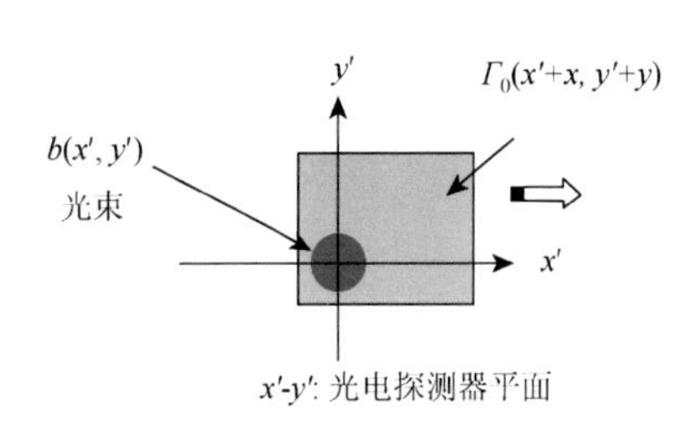

图 3.3　扫描情况

在图 3.3 中，Γ_0 中的参数 x 和 y 表示透明片相对于光束的移动或平移。因此，到达光电探测器的总复光场为 $b(x',y')\Gamma_0(x'+x, y'+y)$，光电探测器收集所有的透射光并输出电流 i。根据式(3.1.1)，i 由下式给出：

$$i(x,y) \propto \int_D \left| b(x',y')\varGamma_0(x'+x,y'+y) \right|^2 \mathrm{d}x'\mathrm{d}y', \tag{3.1.3}$$

式中，$x=x(t)$、$y=y(t)$ 为透明片的瞬时位置。当然，扫描成像也可以通过在透明片上的移动光束来建模，结果为如下方程：

$$i(x,y) \propto \int_D \left| \varGamma_0(x',y')b(x'-x,y'-y) \right|^2 \mathrm{d}x'\mathrm{d}y'.$$

若令 $x'-x=x''$ 且 $y'-y=y''$，然后将其代入上式可以得到

$$i(x,y) \propto \int_D \left| \varGamma_0(x''+x,y''+y)b(x'',y'') \right|^2 \mathrm{d}x''\mathrm{d}y'',$$

这与式(3.1.3)相同。本书统一采用式(3.1.3)来表示光学扫描。可以发现，对于均匀扫描速度V，有 $x(t)=Vt$ 和 $y(t)=Vt$。重新整理式(3.1.3)，有

$$\begin{aligned} i(x,y) &\propto \int_D \left| b(x',y') \right|^2 \left| \varGamma_0(x'+x,y'+y) \right|^2 \mathrm{d}x'\mathrm{d}y' \\ &= \left| b(x,y) \right|^2 \otimes \left| \varGamma_0(x,y) \right|^2. \end{aligned} \tag{3.1.4}$$

可以发现，这一结果比较有趣，因为它是一个非相干光学系统，只有强度可以被处理，即$\left|\varGamma_0(x,y)\right|^2$被$\left|b(x,y)\right|^2$处理，尽管物体$\varGamma_0(x,y)$最初可能在本质上为复数。光束的复光场$b(x,y)$与光瞳函数$p(x,y)$分别位于透镜 L_1 的后焦面和前焦面处，如图 3.1 所示，它们之间遵循傅里叶变换关系，其中[式(2.4.6)]，

$$b(x,y) = \mathcal{F}_{xy}\left\{ p(x,y) \right\} \Big|_{\substack{k_x=k_0x/f \\ k_y=k_0y/f}}. \tag{3.1.5}$$

图 3.4 是一个来自 General Scanning™公司的商用 x-y 光学扫描系统。其反射镜由检流计驱动。右图是互相垂直放置的 x-y 扫描镜的特写（一个方向是 x 扫描，另一个方向是 y 扫描）。

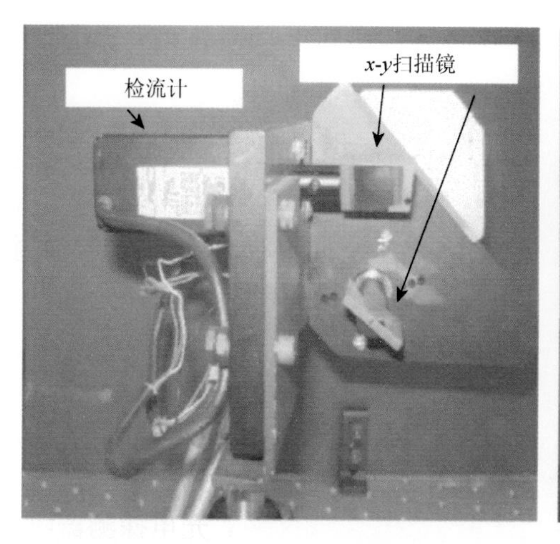

图 3.4　x-y 光学扫描系统

3.2　光学外差法

3.1 节已经讨论过，一个简单的光学扫描系统采用光学直接检测并不能提取入射复光场的任何相位信息。而全息术需要对相位信息进行保存，因此，若希望使用光学扫描来记录全息信息，则需要在光电检测过程中找到一种保存相位信息的方法。这一问题的解（solution）是光学外差法。

图 3.5 为光学外差检测示意图。半镀银反射镜上合成了两束相干激光：信息光信号和参考光信号，其时间频率分别为 ω_0 和 $\omega_0+\Omega$（3.3 节将说明如何利用声光来实现具有不同时间频率的激光束）。为了简单起见，考虑在光电探测器表面上的信息光和参考光皆为平面波，分别用 $\psi_p \exp(\mathrm{j}\omega_0 t)$ 和 $B\exp\left[\mathrm{j}(\omega_0+\Omega)t\right]$ 表示。因此，光电探测器表面上的总光场为 $\psi_t=\psi_p \exp(\mathrm{j}\omega_0 t)+B\exp\left[\mathrm{j}(\omega_0+\Omega)t\right]$。由于光电探测器只检测强度，因此输出电流为

$$
\begin{aligned}
i \propto \int_D |\psi_t|^2 \mathrm{d}x\mathrm{d}y &= \int_D \left|\psi_p \exp(\mathrm{j}\omega_0 t)+B\exp[\mathrm{j}(\omega_0+\Omega)t\right|^2 \mathrm{d}x\mathrm{d}y \\
&= D\left[A^2+B^2+2AB\cos(\Omega t-\phi)\right],
\end{aligned}
\tag{3.2.1}
$$

其中，假设信息信号为 $\psi_p = A\mathrm{e}^{\mathrm{j}\phi}$，振幅为 A，相位信息为 ϕ。同样，为了简单起见，假设 B 在上述方程中为实数。其中，A^2+B^2 项为直流电流[或基带电流（baseband current）]，而 $AB\cos(\Omega t-\phi)$ 项是因两个光信号在不同频率混合（mixing）或外差（heterodyning）而产生的交流电流[或外差电流（heterodyne current）]（Poon，2002b；Poon and Kim，2006）。同样可以发现，信息信号的振幅和相位在电流中都被保留了，这在式(3.2.1) 的最后一项中已经清晰地表明。因此，光学外差可以保存信息信号的振幅和相位。这种类型的光电检测称为光学外差检测（optical heterodyne detection）[或光学相干检测（optical coherent detection）]。

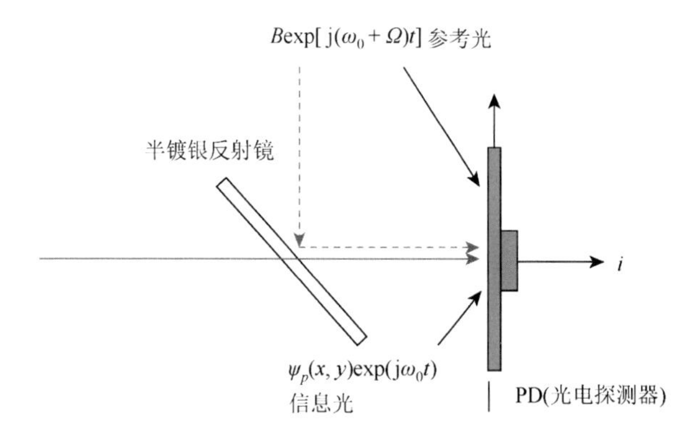

图 3.5　光学外差检测

既然已经证明电流 i 是如何通过外差法包含振幅和相位信息的，接下来讨论如何通过电流的方式提取这些信息。图 3.6 给出了一个电子多路复用检测（electronic multiplexing detection）。

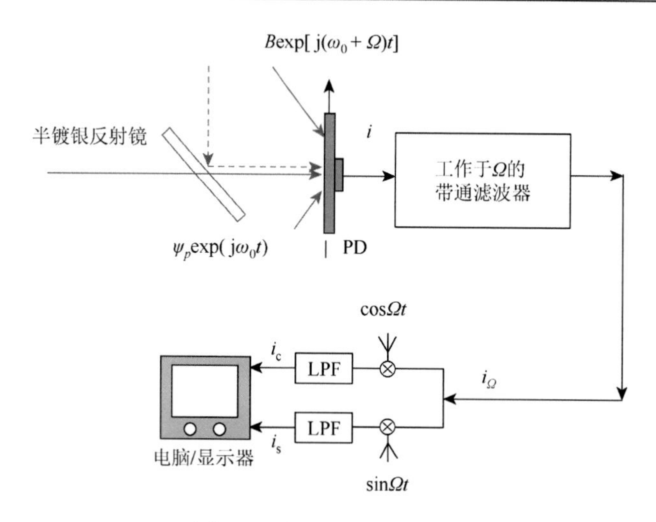

图 3.6　电子多路复用检测

为了抑制基带电流并提取外差电流 $i_\Omega \propto A\cos(\Omega t-\phi)$，电流 i 首先应通过一个被调到外差频率为 Ω 的带通滤波器，然后该外差电流被分为两个通道，从而获得两个输出，即 i_c 和 i_s，如图 3.6 所示。每个通道实际上是在进行锁相检测（lock-in detection），由带有外差频率的余弦或正弦输入信号进行多路复用，再用低通滤波提取外差电流的相位。现在，再来看它在数学上是如何进行的。

首先，考虑电子乘法器（electronic multiplier）给出的上通道，即

$$
\begin{aligned}
i_\Omega \times \cos(\Omega t) &= A\cos(\Omega t-\phi)\cos(\Omega t) \\
&= \frac{1}{2}A\cos(-\phi)+\frac{1}{2}A\cos(2\Omega t-\phi)
\end{aligned} \tag{3.2.2}
$$

作为输出，这里使用了以下三角恒等式：

$$
\cos\alpha\,\cos\beta = \frac{1}{2}\cos(\alpha-\beta)+\frac{1}{2}\cos(\alpha+\beta).
$$

通过在乘法器的输出上使用低通滤波器（这意味着会抑制 2Ω 的频率），可得到外差电流 i_Ω 的同相分量（in-phase component），并由下式给出：

$$
i_c = A\cos\phi. \tag{3.2.3a}
$$

除某个常数外，式(3.2.3a) 实际上是式(3.2.2) 的第一项。同样，图 3.6 的下通道给出了外差电流 i_Ω 的正交分量（quadrature component），并由下式给出，即

$$
i_s = A\sin\phi. \tag{3.2.3b}
$$

这里可利用恒等式，即

$$
\cos\alpha\,\sin\beta = \frac{1}{2}\sin(\alpha+\beta)-\frac{1}{2}\sin(\alpha-\beta)
$$

来得到这一结果。现在，一旦 i_c 和 i_s 被提取并存储在计算机中，就可以进行以下复数加法：

$$
i_c+\mathrm{j}i_s = A\cos(\phi)+\mathrm{j}\sin(\phi) = A\exp(\mathrm{j}\phi) \tag{3.2.4}
$$

可以发现，该结果是由式(3.2.1) 表示的光电探测器的电流完全恢复的信息信号 $\psi_p = Ae^{j\phi}$。事实上，这里将利用光学外差和电子多路复用检测，在没有孪生像噪声的情况下获得全息信息，稍后将再次回到这一主题。

3.3　声 光 移 频

当采用如图 3.5 所示的光学外差时，需要产生两束具有不同时间频率的激光束。本节讨论一种常用的光移频装置，即声光移频器（acousto-optic frequency shifter，AOFS）或声光调制器（acousto-optic modulator，AOM）（Korpel，1981）。

声光调制器是一种空间光调制器，由连接到压电换能器上的声介质（如玻璃）构成。当电信号作用于换能器时，声波通过声介质传播，并引起与电激励成正比的折射率的扰动，所以反过来又调节了穿过声介质的激光束。因此，如图 3.7 所示的声光调制器的作用类似于有效栅线间距等于声介质中声波波长 Λ 的一个相位光栅（phase grating）。结果表明，对于一个特定的入射角 ϕ_{inc}，声光栅将入射光分成两束衍射光，分别是角度为 ϕ_1 的一级衍射光和角度为 ϕ_0 的零级衍射光，如图 3.7 所示。

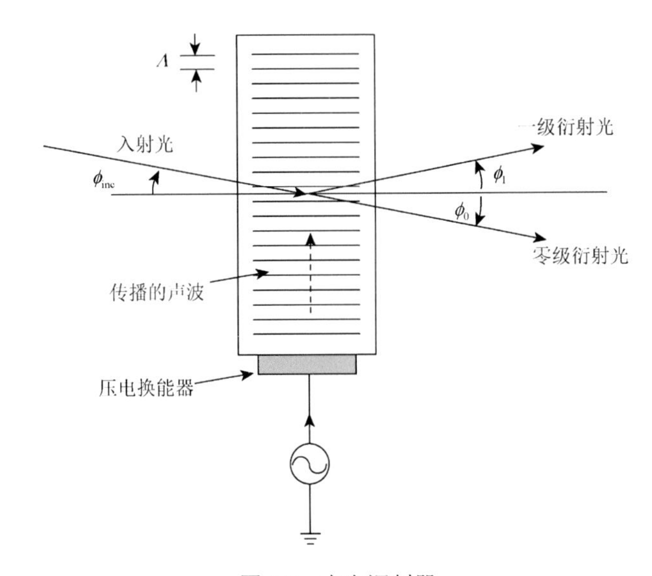

图 3.7　声光调制器

用来描述声和激光之间相互作用的最简单的解释之一是将其看作粒子之间的相互作用，即光子（photons）和声子（phonons）之间的相互碰撞。为了使这些粒子有明确的动量和能量，必须假设有光和声的平面波的相互作用。换句话说，假设换能器的宽度足够宽，可以产生单一频率的平面波前。

现在，考虑碰撞过程中存在的两个守恒定律：能量守恒（conservation of energy）和动量守恒（conservation of momentum）。动量守恒的条件是

$$\hbar\vec{k}_{+1} = \hbar\vec{k}_0 + \hbar\vec{K}, \tag{3.3.1}$$

式中，$\hbar\overrightarrow{\boldsymbol{k}_0}$ 和 $\hbar\vec{\boldsymbol{K}}$ 分别为入射光子和声子的动量；$\hbar\vec{\boldsymbol{k}}_{+1}$ 为散射光子的动量；$\vec{\boldsymbol{k}}_{+1}$、$\vec{\boldsymbol{k}}_0$ 和 $\vec{\boldsymbol{K}}$ 分别为各粒子相应的波矢；$\hbar = h/2\pi$，其中 h 为普朗克常数（Planck's constant）。

现在，根据能量守恒，有

$$\hbar\omega_{+1} = \hbar\omega_0 + \hbar\Omega, \tag{3.3.2}$$

式中，$\hbar\omega_{+1}$、$\hbar\omega_0$ 和 $\hbar\Omega$ 分别为散射光子、入射光子和声子的能量；ω_{+1}、ω_0 和 Ω 分别为各粒子对应的角频率（radian frequencies）。

将式(3.3.1)除以 $\hbar$，可得

$$\vec{\boldsymbol{k}}_{+1} = \vec{\boldsymbol{k}}_0 + \vec{\boldsymbol{K}}. \tag{3.3.3}$$

同样，从式(3.3.2)可以得到相应的能量守恒形式为

$$\omega_{+1} = \omega_0 + \Omega. \tag{3.3.4}$$

图 3.8（a）为基于式(3.3.3)的波矢相互作用图。在所有的实际情况中，$|\vec{\boldsymbol{K}}| \ll |\vec{\boldsymbol{k}}_0|$，$\vec{\boldsymbol{k}}_{+1}$ 的大小基本上等于 $\vec{\boldsymbol{k}}_0$ 的大小，所以图 3.8(a)的波矢三角形近似等腰。可以发现，图 3.8(a)中的闭合三角形保证了光与声平面波的相互作用存在一定的入射临界角。由此确定的入射角 ϕ_{inc} 称为布拉格角（Bragg angle），可由下式给出：

$$\sin(\phi_{\text{B}}) = \frac{K}{2k_0} = \frac{\lambda_0}{2\Lambda}, \tag{3.3.5}$$

式中，$k_0 = |\vec{\boldsymbol{k}}_0| = 2\pi/\lambda_0$ 为声介质内光的波数，其中 λ_0 为光的波长；$K = |\vec{\boldsymbol{K}}| = 2\pi/\Lambda$ 为声波的波数；Λ 为声波的波长。可以发现，如图 3.8(a)所示，其衍射光束的方向相差 $2\phi_{\text{B}}$。由此可知，图 3.7 中的 ϕ_1 和 ϕ_0 必须等于 ϕ_{B}。

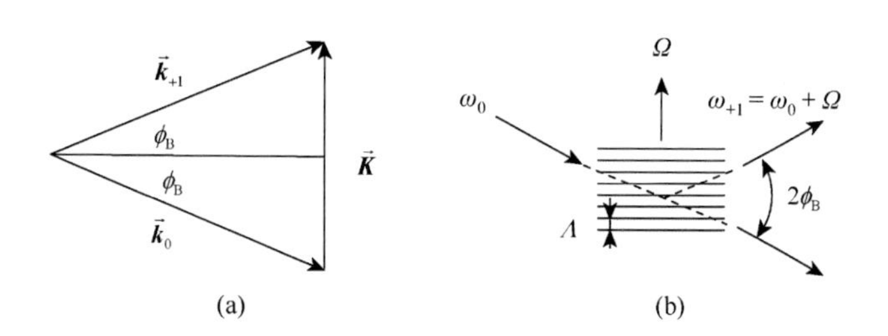

图 3.8　声光相互作用：（a）波矢图；（b）实验结构图

按式(3.3.4)的规定，图 3.8(b)中一级衍射光束的频率将上移。式（3.3.4）描述的相互作用称为上移相互作用（upshifted interaction），因为衍射光的频率 ω_{+1} 受声频率的影响上移 Ω，所以的确有一个声行波。因此，衍射光的频率就是多普勒频移（Doppler shifted）。

实验室产生的声波频率为 100kHz～3GHz。图 3.9 为 IntraAction Corporation 生产的商用声光调制器，型号为 AOM-40。它采用重火石玻璃作为声介质（折射率 n_0 ～1.65），工作声波的中心频率 $f_{\text{s}} = 40\text{MHz}$。因此，图 3.9 的声波在玻璃中以波长 $\Lambda = V_s/f_{\text{s}}$ ～0.1mm、速度为 V_s ～4000m/s 从左向右传播。若使用 He-Ne 激光器（空气中的波长约为 0.6328μm），其在玻璃内部的波长为 λ_0 ～0.6328μm/ n_0 ～0.3743μm。因此，根据式(3.3.5)，声介质内的布拉格角为～1.9×10^{-3}rad 或 0.1°左右。在图 3.9 中，可以看到远处背景上

的两个衍射激光光斑，其入射的激光束（因为是穿过透明的玻璃介质，所以肉眼不可见）沿压电换能器的长边方向穿过玻璃。

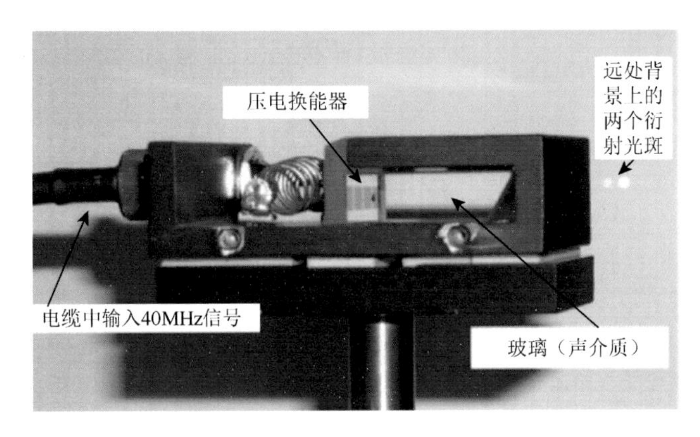

图 3.9　工作在 40MHz 的典型声光调制器（改自 Poon，2002b）

3.4　双瞳光学外差扫描图像处理器

前面讨论了光学扫描和光学外差，还讨论了光学系统中的光瞳函数，并证明光瞳函数可以修改光学系统中的空间滤波特性（图 2.14）。本节讨论光学扫描全息的基础——光学外差扫描。由于光学外差扫描需要两束光的混合或外差，因此在光学系统中必须有两个光瞳。可以想象，有两个光瞳的光学系统将有更强的处理能力，因为空间滤波现在不仅可以像传统光学系统那样只由一个光瞳控制，还可以由两个光瞳控制。这类系统称为双光瞳系统（two-pupil systems）（Lohmann and Rhodes，1978；Poon and Korpel，1979）。Indebetouw 和 Poon（1992）的文章综述了非相干图像处理的双光瞳方法。

图 3.10 为典型的双瞳光学外差扫描图像处理器，最初由 Poon（1985）开发和提出。下面对该系统进行数学描述，并由此引出光学扫描全息术的概念。

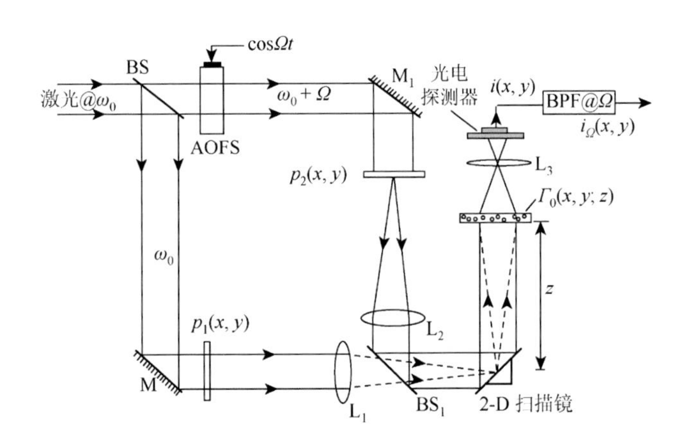

图 3.10　典型的双瞳光学外差扫描系统

分束镜BS、BS_1和反射镜M、M_1构成了马赫-曾德尔干涉仪（Mach-Zehnder interferometer）。光瞳$p_1(x,y)$被一个时间频率为ω_0的准直激光照射，另一个光瞳$p_2(x,y)$被时间频率为$\omega_0+\Omega$的激光照射。激光的时间频率偏移Ω由声光移频器引入，如图3.10所示。可以发现，该图是高度示意化的，因为从声光移频器出射的一级衍射光，即频率为$\omega_0+\Omega$的频移光的选择细节并没有被表示出来。两个光瞳分别位于焦距为f的透镜L_1和L_2的前焦面。两个光瞳的光被分束镜BS_1合并到透镜L_1和L_2的后焦面处，即二维x-y扫描镜上，该合并后的光束进行二维光栅扫描物体，物体振幅分布为$\Gamma_0(x,y;z)$，位于距两个透镜焦平面的z处。透镜L_3用于将所有透射光（或散射光，若物体是漫反射的话）收集到光电探测器上，光电探测器进行电流输出$i(x,y)$。调谐外差频率Ω处的电子带通滤波器（BPF）提供了扫描和处理电流$i_\Omega(x,y)$的输出。接下来进一步阐述$i_\Omega(x,y)$的数学表达。

合并后进行光学扫描的复光场$S(x,y;z)$位于距两个透镜焦平面的z处，可由下式给出：

$$S(x,y;z)=P_{1z}\left(\frac{k_0x}{f},\frac{k_0y}{f}\right)\exp(\mathrm{j}\omega_0t)+P_{2z}\left(\frac{k_0x}{f},\frac{k_0y}{f}\right)\exp\left[\mathrm{j}(\omega_0+\Omega)t\right],\tag{3.4.1}$$

式中，$P_{iz}\left(\frac{k_0x}{f},\frac{k_0y}{f}\right)$为距离扫描镜$z$处的场分布。通过菲涅耳衍射可由下式给出，即

$$P_{iz}\left(\frac{k_0x}{f},\frac{k_0y}{f}\right)=P_i\left(\frac{k_0x}{f},\frac{k_0y}{f}\right)*h(x,y;z),\quad i=1,2.\tag{3.4.2}$$

式中，$P_i\left(\frac{k_0x}{f},\frac{k_0y}{f}\right)$为透镜$L_1$和$L_2$后焦面处的场分布，忽略某些无关紧要的常数和常数相位因子，由下式给出[式(2.4.6)]，即

$$P_i\left(\frac{k_0x}{f},\frac{k_0y}{f}\right)=\mathcal{F}\left\{p_i(x,y)\right\}\Big|_{\substack{k_x=k_0x/f\\ k_y=k_0y/f}}.\tag{3.4.3}$$

如前所述，由式(3.4.1)给出的合并光场或扫描光斑可对距离扫描镜z处的振幅透过率为$\Gamma_0(x,y;z)$的物体进行二维扫描。根据式(3.1.3)的光学扫描原理，光电探测器响应光透射场或散射场的入射强度所产生的电流，可由下式给出：

$$\begin{aligned}i(x,y;z)&\propto\int_D\left|S(x',y';z)\Gamma_0(x'+x,y'+y;z)\right|^2\mathrm{d}x'\mathrm{d}y'\\&=\int_D\left|\left[P_{1z}\left(\frac{k_0x'}{f},\frac{k_0y'}{f}\right)\exp(\mathrm{j}\omega_0t)+P_{2z}\left(\frac{k_0x'}{f},\frac{k_0y'}{f}\right)\exp\left[\mathrm{j}(\omega_0+\Omega)t\right]\right]\right.\\&\qquad\left.\times\Gamma_0(x+x',y+y';z)\right|^2\mathrm{d}x'\mathrm{d}y'.\end{aligned}\tag{3.4.4}$$

经过调谐频率为Ω的带通滤波器后，由式(3.4.4)得到的外差电流为

$$i_{\Omega}(x,y;z)=\mathrm{Re}\left[\int_{D}P_{1z}^{*}\left(\frac{k_0x'}{f},\frac{k_0y'}{f}\right)P_{2z}\left(\frac{k_0x'}{f},\frac{k_0y'}{f}\right)\times\left|\Gamma_0(x+x',y+y';z)\right|^2\mathrm{d}x'\mathrm{d}y'\exp(\mathrm{j}\Omega t)\right],\quad(3.4.5)$$

这里，采用了相量ψ_p的规定，即$\psi(x,y,t)=\mathrm{Re}\left[\psi_p(x,y,t)\exp(\mathrm{j}\Omega t)\right]$，其中$\mathrm{Re}[\cdot]$表示括号内为实部。式(3.4.5)可表示为

$$i_{\Omega}(x,y;z)=\mathrm{Re}\left[i_{\Omega_p}(x,y;z)\exp(\mathrm{j}\Omega t)\right],\quad(3.4.6a)$$

其中，

$$i_{\Omega_p}(x,y;z)=\iint_{D}P_{1z}^{*}\left(\frac{k_0x'}{f},\frac{k_0y'}{f}\right)P_{2z}\left(\frac{k_0x'}{f},\frac{k_0y'}{f}\right)\times\left|\Gamma_0(x+x',y+y';z)\right|^2\mathrm{d}x'\mathrm{d}y'\quad(3.4.6b)$$

为输出相量，包含外差电流的幅值和相位信息。该电流的幅值和相位信息构成了对物体$\left|\Gamma_0\right|^2$的扫描和处理描述，由式(3.4.6)可得

$$i_{\Omega}(x,y;z)=\left|i_{\Omega_p}(x,y;z)\right|\cos\left[\Omega t+\phi_p(x,y;z)\right],$$

式中，$i_{\Omega_p}=\left|i_{\Omega_p}\right|\exp(\mathrm{j}\phi_p)$。从而，可将式(3.4.6b)重新写为如下相关形式：

$$i_{\Omega_p}(x,y;z)=P_{1z}\left(\frac{k_0x}{f},\frac{k_0y}{f}\right)P_{2z}^{*}\left(\frac{k_0x}{f},\frac{k_0y}{f}\right)\otimes\left|\Gamma_0(x,y;z)\right|^2.\quad(3.4.7)$$

与传统的光学扫描系统（或非相干光学系统）类似，只有强度分布即$\left|\Gamma_0\right|^2$被处理，因此该光学系统是非相干的。然而，$\left|\Gamma_0\right|^2$并不是严格按照强度进行处理的，而是由形如式(3.4.7)中$P_{1z}P_{2z}^{*}$的形式来处理，它是双极的，甚至是复数，从而引出了复非相干图像处理（complex incoherent image processing）的概念。

式(3.4.7)将输入量与输出量相联系，由此就可以定义系统的光学传递函数为

$$\mathrm{OTF}_{\Omega}(k_x,k_y;z)=\frac{\mathcal{F}\left\{i_{\Omega_p}(x,y;z)\right\}}{\mathcal{F}\left\{\left|\Gamma_0(x,y;z)\right|^2\right\}}.\quad(3.4.8)$$

对式(3.4.7)进行傅里叶变换，并将结果与式(3.4.8)结合，可得到以下等式，即

$$\mathrm{OTF}_{\Omega}(k_x,k_y,z)=\mathcal{F}^{*}\left\{P_{1z}\left(\frac{k_0x}{f},\frac{k_0y}{f}\right)P_{2z}^{*}\left(\frac{k_0x}{f},\frac{k_0y}{f}\right)\right\}.\quad(3.4.9)$$

根据光瞳p_1和p_2，可将式(3.4.2)和式(3.4.3)代入式(3.4.9)，得到

$$\mathrm{OTF}_{\Omega}(k_x,k_y;z)=\exp\left[\mathrm{j}\frac{z}{2k_0}\left(k_x^2+k_y^2\right)\right]\times\iint p_1^{*}(x',y')p_2\left(x'+\frac{f}{k_0}k_x,y'+\frac{f}{k_0}k_y\right)\exp\left[\mathrm{j}\frac{z}{f}(x'k_x+y'k_y)\right]\mathrm{d}x'\mathrm{d}y'.\quad(3.4.10)$$

此方程式最初由 Poon（1985）求得，它指出系统的光学传递函数OTF_Ω可通过对两个光瞳的选择进行修改。利用式(3.4.8)并根据OTF_Ω可改写式(3.4.6a)，可得

$$\begin{aligned} i_\Omega(x,y;z) &= \mathrm{Re}\left[i_{\Omega_p}(x,y;z)\exp(\mathrm{j}\Omega t)\right] \\ &= \mathrm{Re}\left[\mathcal{F}^{-1}\left\{\mathcal{F}\left\{|\Gamma_0(x,y;z)|^2\right\}\mathrm{OTF}_\Omega(k_x,k_y;z)\right\}\exp(\mathrm{j}\Omega t)\right]. \end{aligned} \tag{3.4.11}$$

通过定义，光学外差扫描系统的空间脉冲响应（或点扩散函数）为

$$h_\Omega(x,y;z) = \mathcal{F}^{-1}\left\{\mathrm{OTF}_\Omega\right\}, \tag{3.4.12}$$

现在可在空域中将式(3.4.11)重写为

$$i_\Omega(x,y;z) = \mathrm{Re}\left\{\left[|\Gamma_0(x,y;z)|^2 * h_\Omega(x,y;z)\right]\exp(\mathrm{j}\Omega t)\right\}. \tag{3.4.13}$$

式(3.4.11)和式(3.4.13)分别为被扫描和处理后的输出电流，该输出电流由频率为Ω的时间载波调制。通过将i_Ω与$\cos(\Omega t)$或$\sin(\Omega t)$混合，可以分别解调和提取同相分量或正交分量。解调系统如图 3.6 所示，两个输出分别为

$$i_\mathrm{c}(x,y;z) = \begin{cases} \mathrm{Re}\left[\mathcal{F}^{-1}\left\{\mathcal{F}\left\{|\Gamma_0|^2\right\}\mathrm{OTF}_\Omega\right\}\right], & \text{频域} \\ \mathrm{Re}\left[|\Gamma_0|^2 * h_\Omega(x,y;z)\right], & \text{空域} \end{cases} \tag{3.4.14a}$$

和

$$i_\mathrm{s}(x,y;z) = \begin{cases} \mathrm{Im}\left[\mathcal{F}^{-1}\left\{\mathcal{F}\left\{|\Gamma_0|^2\right\}\mathrm{OTF}_\Omega\right\}\right], & \text{频域} \\ \mathrm{Im}\left[|\Gamma_0|^2 * h_\Omega(x,y;z)\right], & \text{空域} \end{cases} \tag{3.4.14b}$$

式中，Im[·]为括号内的虚部量；下标“c”和“s”分别为利用$\cos(\Omega t)$和$\sin(\Omega t)$从i_Ω中提取的信息。

式(3.4.14)中，假设输入对象$|\Gamma_0(x,y;z)|^2$是一个无限薄的二维物体，位于如图 3.10 所示距离二维扫描镜的z处。对于三维物体要生成式(3.4.14)更广义的形式，需对该方程在三维物体的深度即z上进行积分。则式（3.4.14）变为（Poon and Kim，1999）

$$i_\mathrm{c}(x,y) = \begin{cases} \mathrm{Re}\left[\int \mathcal{F}^{-1}\left\{\mathcal{F}\left\{|\Gamma_0(x,y;z)|^2\right\}\mathrm{OTF}_\Omega\right\}\mathrm{d}z\right] & \text{(3.4.15a)} \\ \mathrm{Re}\left[\int |\Gamma_0(x,y;z)|^2 * h_\Omega(x,y;z)\mathrm{d}z\right] & \text{(3.4.15b)} \end{cases}$$

和

$$i_\mathrm{s}(x,y) = \begin{cases} \mathrm{Im}\left[\int \mathcal{F}^{-1}\left\{\mathcal{F}\left\{|\Gamma_0(x,y;z)|^2\right\}\mathrm{OTF}_\Omega\right\}\mathrm{d}z\right] & \text{(3.4.15c)} \\ \mathrm{Im}\left[\int |\Gamma_0(x,y;z)|^2 * h_\Omega(x,y;z)\mathrm{d}z\right]. & \text{(3.4.15d)} \end{cases}$$

可以发现，方程式(3.4.15)的左侧并没有依赖于z的项，目的是强调即使是三维对象，其所记录的信息也是严格二维的。$i_\mathrm{c}(x,y)$和$i_\mathrm{s}(x,y)$分别为$|\Gamma_0|^2$被扫描和处理的电流（或信

息），如果这些电流与驱动 x-y 扫描镜的信号被同步存储，那么可以被存储为二维记录。式(3.4.15) 是三维物体双瞳光学外差扫描的主要结果。图 3.11 为整个双瞳光学外差扫描图像处理器。其三维物体为 $|\Gamma_0(x,y;z)|^2$，最终输出由式(3.4.15) 给出，分别为 $i_c(x,y)$ 和 $i_s(x,y)$。可以发现，当输入物体由 $\Gamma_0(x,y;z)$ 的振幅分布给出时，被处理的信息是由 $|\Gamma_0(x,y;z)|^2$ 给出的强度分布。事实证明，这是处理器的非相干操作模式，到目前为止，它已被广泛用于各种应用，如三维荧光全息显微术、三维模式识别、光学遥感和三维加密。第 4 章将进一步阐述其中的一些应用。在第 5 章中，当考虑光学扫描全息技术的进展时，将描述一种可以处理物体复分布的相干模式（Indebetouw et al.，2000），这在生物应用的相位标本处理中非常重要。

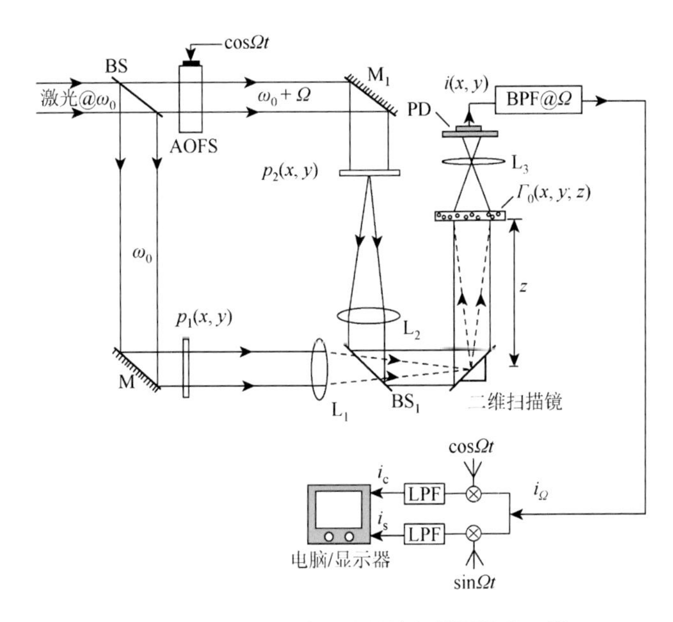

图 3.11　完整的双瞳光学外差扫描图像处理器

3.5　扫描全息术

本节介绍如何使用 3.4 节讨论的双瞳光学外差扫描图像处理器来实现全息记录。该想法最早由 Poon 和 Korpel（1979）提出，他们发现可以通过大幅修改其中一个光瞳与另一个光瞳的关系获得光学传递函数。在这种情况下，有趣的是在透镜 L_1 和 L_2 焦平面附近的离焦平面内，即图 3.11 中距离扫描镜 z 处，通过使 $p_1(x,y)$ 是均匀的且 $p_2(x,y)$ 为 δ 函数，就存在生成菲涅耳波带板型脉冲响应的可能性（即其相位是 x 和 y 的二次函数）。通过研究其啁啾特性，可确定距扫描镜的位置 z 有多远，而这对全息记录具有显著影响。经分析后该技术被称为扫描全息术（scanning holography）（Poon，1985），其最初的想法是用每个光瞳分别产生的点光源和平面波干涉产生的复菲涅耳波带板型脉冲响应，以二维栅格扫描三维物体。在两个光瞳之间引入时间频率偏移，并通过外差检测从空间积分探测器获得所需信号。

因此，对于扫描全息，在数学上，令 $p_1(x,y)=1$，且 $p_2(x,y)=\delta(x,y)$，这些在图 3.11 中已清晰地画出。基于这些光瞳，再根据式(3.4.10)，其外差扫描系统的光学传递函数变为

$$\left.\mathrm{OTF}_{\Omega}(k_x,k_y;z)\right|_{\mathrm{osh}}=\exp\left[-\mathrm{j}\frac{z}{2k_0}(k_x^2+k_y^2)\right]=\mathrm{OTF}_{\mathrm{osh}}(k_x,k_y;z). \tag{3.5.1a}$$

根据式(3.4.12)，其对应的空间脉冲响应为

$$\left.h_{\Omega}(x,y;z)\right|_{\mathrm{osh}}=\frac{-\mathrm{j}k_0}{2\pi z}\exp\left[\frac{\mathrm{j}k_0(x^2+y^2)}{2z}\right]. \tag{3.5.1b}$$

除常数相位因子外，有趣的是对于等式(3.5.1a)，通过比较傅里叶光学中的空间频率传递函数[式(2.3.13)]，有

$$\mathrm{OTF}_{\mathrm{osh}}(k_x,k_y;z)=H^*(k_x,k_y;z). \tag{3.5.2a}$$

同样地，对于式(2.3.11)，有

$$\left.h_{\Omega}(x,y;z)\right|_{\mathrm{osh}}=h^*(x,y;z). \tag{3.5.2b}$$

对于扫描全息，从方程式(3.5.1b)的结果可以看出，除一些常数外，空域方程式(3.4.15b)和式(3.4.15d)分别变为

$$i_{\mathrm{c}}(x,y)=\int\left\{|\varGamma_0(x,y;z)|^2*\frac{k_0}{2\pi z}\sin\left[\frac{k_0}{2z}(x^2+y^2)\right]\right\}\mathrm{d}z=H_{\sin}(x,y) \tag{3.5.3a}$$

和

$$i_{\mathrm{s}}(x,y)=\int\left\{|\varGamma_0(x,y;z)|^2*\frac{k_0}{2\pi z}\cos\left[\frac{k_0}{2z}(x^2+y^2)\right]\right\}\mathrm{d}z=H_{\cos}(x,y), \tag{3.5.3b}$$

其被二维记录的是一个全息图。$H_{\sin}(x,y)$ 称为 $|\varGamma_0(x,y;z)|^2$ 的正弦菲涅耳波带板全息图（sine-FZP hologram），而 $H_{\cos}(x,y)$ 称为 $|\varGamma_0(x,y;z)|^2$ 的余弦菲涅耳波带板全息图（cosine-FZP hologram）。

为了了解为什么式(3.5.3)对应全息记录，可以让 $|\varGamma_0(x,y;z)|^2=\delta(x,y)\delta(z-z_0)$，这是一个距离扫描镜 z_0 处的点源。经过包含 x 和 y 的二维卷积后，式(3.5.3a)变为

$$H_{\sin}(x,y)=\int\left\{\delta(x,y)\delta(z-z_0)*\frac{k_0}{2\pi z}\sin\left[\frac{k_0}{2z}(x^2+y^2)\right]\right\}\mathrm{d}z=\int\left\{\delta(z-z_0)\frac{k_0}{2\pi z}\sin\left[\frac{k_0}{2z}(x^2+y^2)\right]\right\}\mathrm{d}z.$$

最后，经过沿 z 的积分，上述方程变为

$$H_{\sin}(x,y)=\frac{k_0}{2\pi z_0}\sin\left[\frac{k_0}{2z_0}(x^2+y^2)\right]. \tag{3.5.4a}$$

可以发现，这基本上是一个没有常数偏置 A 的点光源全息图，该常数偏置 A 曾出现在式(2.5.4)中。光学重建时，该常数偏置只产生零级光。类似地，式(3.5.3b)给出

$$H_{\cos}(x,y)=\frac{k_0}{2\pi z_0}\cos\left[\frac{k_0}{2z_0}(x^2+y^2)\right]. \tag{3.5.4b}$$

综上所述，扫描全息中，由于电子多路复用检测，对于一个二维栅格扫描会有两个全息图的记录。虽然，这两幅由式(3.5.3)给出的全息图都包含了全息信息，但并不是多余的，因为之后会发现，利用这两幅全息图，即使是同轴记录，也同样可以得到一幅无孪生像（twin-image-free）全息图。

图 3.12 为第一幅使用扫描全息术得到的全息图（Duncan and Poon，1992）。该全息图是一个 50μm 的狭缝。“光学扫描全息（optical scanning holography，OSH）”这一术语在这篇文章首次提出，以强调这是第一个使用主动光学扫描技术生成的电子全息图。这里应该客观地看待光学扫描全息术，通过扫描技术获得长波长全息图早已实现，无须再提供一个物理参考光来提取全息信息，因为探测器已经能够测量低频辐射（如声波或微波）的振荡，这种长波长技术允许振幅和相位信息可直接从长波信号中提取。

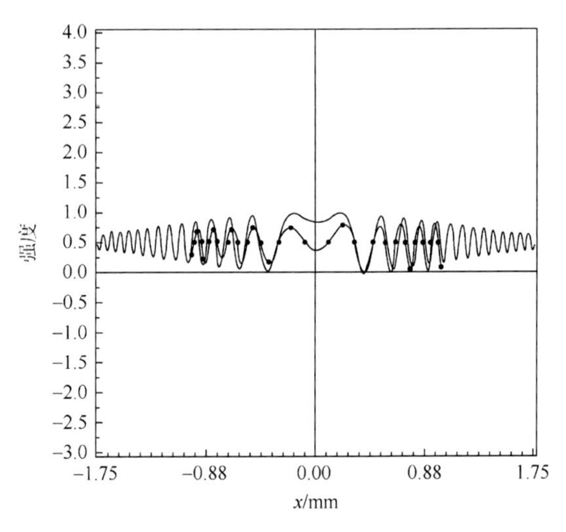

图 3.12　利用光学扫描全息获得的第一幅全息图（实线-理论结果；点画线-实验结果。此物是一个 50μm 的狭缝。转载自 Duncan and Poon，JOSA A，1992，9：229，经许可. © OSA.）

一般来说，光学扫描全息术可以应用于其他较短和较长波长的系统，只要能够找到特定波长的设备，该设备需要可以产生一束准直光束和一束聚焦光束，并使两束光束在物体上发生干涉。此外，该波长的移频器必须是可以得到的。在对未来的设想中，主动光学遥感的 CO_2 扫描全息术（CO_2 scanning holography）是可能实现的，因为 10.6μm 波段可穿透大气层且吸收很少。在光谱的另一端，X 射线扫描全息术（X-ray scanning holography）也正在成为现实，因为 X 射线（X-ray）激光器的生产越来越多，如果需要三维标本的原子分辨率，那么这一点应该很重要。在本书的其余部分，将使用术语“光学扫描全息”或 OSH 代替术语“扫描全息术”。

随后，Poon 等（1995）证明了利用光学扫描全息将一维物体扩展到二维物体的成像。图 3.13 为针孔物体的全息图。图中为针孔的正弦全息图（sine-hologram）（即众所周知的菲涅耳波带板）。针孔直径约为 50μm，距离二维扫描镜约为 10cm。准直的 He-Ne 激光到达针孔上的平面波约为 10mm。针孔上的球面波来自一个大小约 3.5μm 的聚焦激光束。平面波与球面波的时间频率差为 40MHz。同样在该论文中，作者报道了使用光学扫描全息术首次进行三维成像的能力。通过数字重建已经获得的全息图来显示不同深度的图像来验证三维成像。

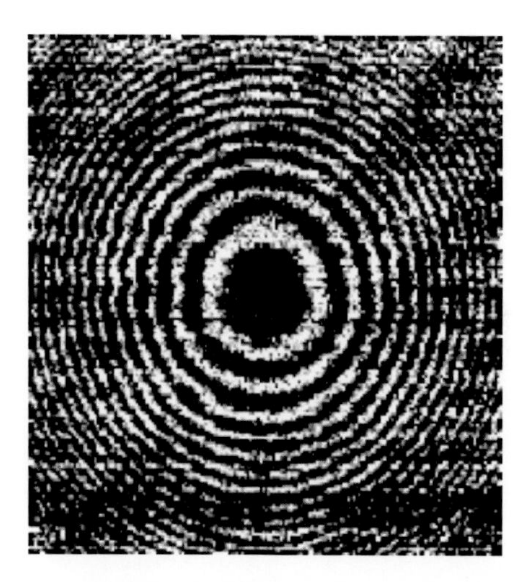

图 3.13　针孔物体全息图（该论文还报道了首次使用 OSH 的三维成像能力。转载自 Poon T C et al.，Optical Engineering，34：1338，经许可. © 1995 SPIE.）

之前已经讨论过同轴全息术中的孪生像问题。采用离轴（或载频）全息技术可以避免孪生像的干扰。其中一种最流行的电子全息术可用于获得无孪生像的重建，称为相移全息（phase-shifting holography）（Yamaguchi and Zhang，1997）。该技术利用参考光的相移来获得四幅轴上的全息图，从而计算出复物波的相位。利用光学扫描全息，只需进行一次二维扫描，就可以同时获得两幅轴上全息图，即正弦全息图和余弦全息图。由于这两幅全息图可以被数字存储，所以可以对其进行如下的复数加减运算：

$$H_{c_\pm}(x,y)=H_{\cos}(x,y)\pm \mathrm{j}H_{\sin}(x,y)$$
$$=\int\left\{|\varGamma_0(x,y;z)|^2 * \frac{k_0}{2\pi z}\exp\left[\pm \mathrm{j}\frac{k_0}{2z}(x^2+y^2)\right]\right\}\mathrm{d}z, \tag{3.5.5}$$

这里，使用了式(3.5.3a)和式(3.5.3b)。$H_{c_\pm}(x,y)$ 称为复菲涅耳波带板全息图（complex Fresnel zone plate hologram），它不包含孪生像信息（Doh et al.，1996）。为了更好地理解这一点，为一点物构建一个复全息图。将式(3.5.4a)和式(3.5.4b)代入式(3.5.5)，忽略某常数，有

$$H_{c_\pm}(x,y)=\exp\left[\pm\frac{\mathrm{j}k_0}{2z_0}(x^2+y^2)\right]. \tag{3.5.6}$$

根据式(2.5.6b)和式(2.5.6c)，该全息图可重建出一个实的点源或一个虚的点源，这取决于式(3.5.6)对辐角符号的选择。对于辐角中的正号，将有一个实像的重建，而对于负号，将进行虚像的重建。无论是哪种情况，在复全息图中都不存在孪生像的形成。

图 3.14 为光学扫描全息进行三维成像时孪生像被消除的实验结果。在该实验中，三维物体由两张 35mm 的幻灯片组成，它们并排放置在离扫描光束不同距离的地方。一张幻灯片是正方形的，另一张是三角形的。两张幻灯片之间的深度距离为 15cm。图 3.14(a)和图 3.14(b)分别为余弦全息图和正弦全息图，图 3.14(c) 为余弦全息图的重建，重建目标是正方形物体，但受孪生像噪声的干扰。在图 3.14(d) 中，利用复全息图对正方形物体进行重建和聚焦，不存在孪生像噪声。在图 3.14(e) 中，余弦全息图重建图像聚焦于三角形，但被孪生像噪声破坏。在图 3.14(f) 中，复全息图在没有孪生像噪声的情况下被重建。因此，在光学扫描全息术中证明了孪生像的消除仅用两幅全息图即可实现。在验证过程中，使用了数字重建技术。利用两个空间光调制器（其中一个用于正弦全息图的显示，另一个用于余弦全息图的显示），即可实现全光重建。然而，这一想法目前尚未在光学上得到实验证明（Poon，2006）。

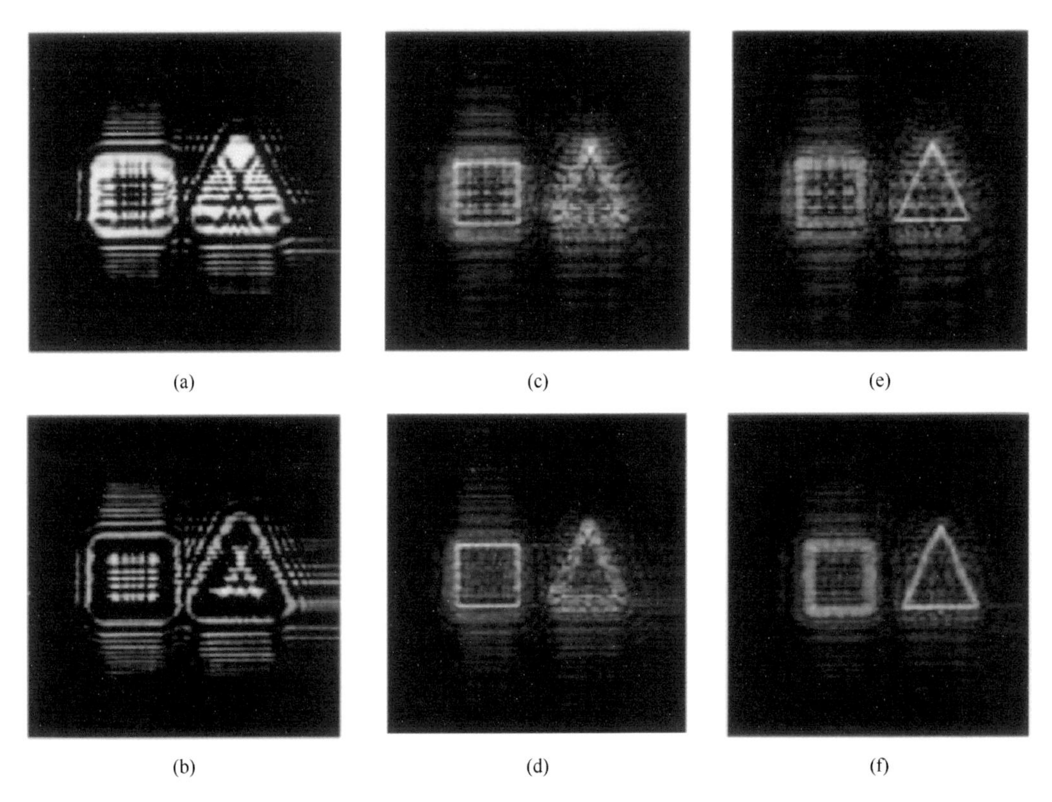

图 3.14　两幅全息图消除孪生像：(a) 余弦全息图；(b) 正弦全息图；(c) 图 (a) 的重建，聚焦于正方形处（孪生像噪声明显）；(d) 复全息图重建，聚焦在正方形上（无孪生像噪声）；(e) 图 (a) 的重建，聚焦在三角形上（孪生像噪声明显）；(f) 复全息图重建，聚焦在三角形上（无孪生像噪声）（转载自 Poon et al.，Optics Letters，2000，5：215，经许可. © OSA.）

例 3.1 MATLAB 例子：光学扫描全息

将式(3.5.1a)给出的光学扫描全息中的光学传递函数代入方程式(3.4.15a)和式(3.4.15c)，正弦全息图和余弦全息图将以空间频率表示。因此，有

$$i_c(x,y)=\mathrm{Re}\left[\int\mathcal{F}^{-1}\left\{\mathcal{F}\left\{\left|\Gamma_0(x,y;z)\right|^2\right\}\mathrm{OTF}_{\mathrm{osh}}(k_x,k_y;z)\right\}\mathrm{d}z\right]=H_{\sin}(x,y) \tag{3.5.7a}$$

和

$$i_s(x,y)=\mathrm{Im}\left[\int\mathcal{F}^{-1}\left\{\mathcal{F}\left\{\left|\Gamma_0(x,y;z)\right|^2\right\}\mathrm{OTF}_{\mathrm{osh}}(k_x,k_y;z)\right\}\mathrm{d}z\right]=H_{\cos}(x,y). \tag{3.5.7b}$$

式中，$\mathrm{OTF}_{\mathrm{osh}}(k_x,k_y;z)=\exp\left[-\mathrm{j}\frac{z}{2k_0}\left(k_x^2+k_y^2\right)\right]$。在该例中，假设一个平面物体在距 x-y 扫描镜 z_0 处放置，即 $|\Gamma_0(x,y;z)|^2=I(x,y)\delta(z-z_0)$，这里 $I(x,y)$ 为图 3.15(a)中的平面强度分布。对于该平面物体的强度，在 z 上积分后，式(3.5.7a)和式(3.5.7b)分别变为

$$H_{\sin}(x,y)=\mathrm{Re}\left[\mathcal{F}^{-1}\left\{\mathcal{F}\left\{I(x,y)\right\}\mathrm{OTF}_{\mathrm{osh}}(k_x,k_y;z_0)\right\}\right] \tag{3.5.8a}$$

和

$$H_{\cos}(x,y)=\mathrm{Im}\left[\mathcal{F}^{-1}\left\{\mathcal{F}\left\{I(x,y)\right\}\mathrm{OTF}_{\mathrm{osh}}(k_x,k_y;z_0)\right\}\right]. \tag{3.5.8b}$$

上述全息图分别仿真模拟在图 3.15(b)和图 3.15(c)中，在表 3.1 中所列的 OSH.m 中，$\mathrm{sigma}=\frac{z_0}{2k_0}=2.0$。利用式(3.5.5)，也可以构建一个复菲涅耳波带板全息图：

$$\begin{aligned}H_{c_+}(x,y)&=H_{\cos}(x,y)+\mathrm{j}H_{\sin}(x,y)\\&=\mathcal{F}^{-1}\left\{\mathcal{F}\left\{I(x,y)\right\}\mathrm{OTF}_{\mathrm{osh}}(k_x,k_y;z_0)\right\}.\end{aligned} \tag{3.5.9}$$

对于数字重建，可以简单地将上述全息图与空间脉冲响应进行卷积，以模拟 z_0 处的菲涅耳衍射。为了获得全息图前形成的实像重构，将使用如下公式：

$$H_{\mathrm{any}}(x,y)*h(x,y;z_0),$$

式中，$H_{\mathrm{any}}(x,y)$ 为上述任意一种全息图，即正弦全息图、余弦全息图或复全息图。在 OSH .m 中，使用了上述方程，并在傅里叶域中实现[式(1.2.3a)和式(1.2.3b)]：

$$\begin{aligned}\text{重建的实像}&\propto\mathcal{F}^{-1}\left\{\mathcal{F}\left\{H_{\mathrm{any}}(x,y)\right\}H(k_x,k_y;z_0)\right\}\\&=\mathcal{F}^{-1}\left\{\mathcal{F}\left\{H_{\mathrm{any}}(x,y)\right\}\mathrm{OTF}^*_{\mathrm{osh}}(k_x,k_y;z_0)\right\}.\end{aligned} \tag{3.5.10}$$

式中，利用式(3.5.2a)将 $\mathrm{OTF}_{\mathrm{osh}}$ 与空间频率响应 $H(k_x,k_y;z_0)$ 联系起来以获得最后一步。图 3.15(d)～图 3.15(f)分别为正弦全息图、余弦全息图和复全息图的重建。

注意，若复全息图被构建为

$$H_{c\_}(x,y)=H_{\cos}(x,y)-\mathrm{j}H_{\sin}(x,y),$$

则在全息图后方 z_0 处有一个重建的虚像。然而，若进行

$$H_{c\_}(x,y)*h(x,y;z_0)$$

重构时，则会看到在 $z=z_0$ 处形成一个严重失焦的图像，如图 3.15(g)所示，相当于原始物体在 $z=2z_0$ 处的菲涅耳衍射图样。

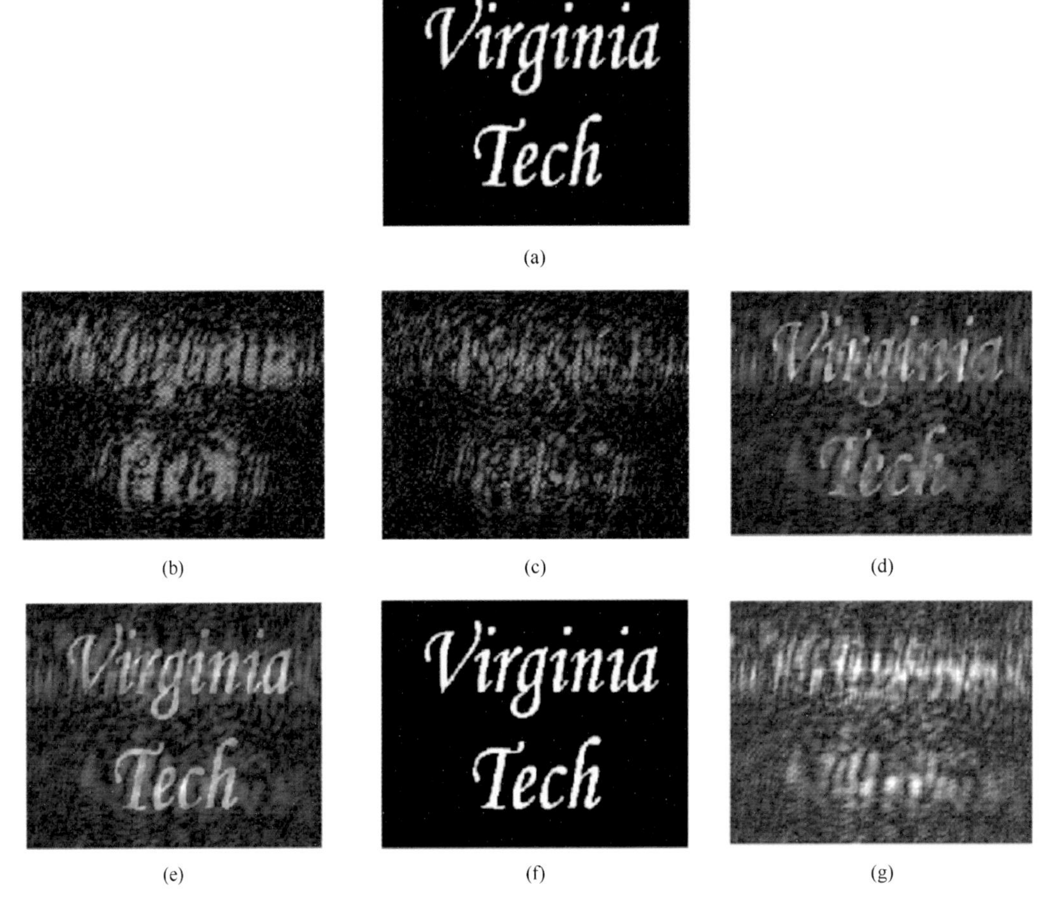

图 3.15　利用 OSH.m 的仿真结果：（a）原图 $I(x,y)$；（b）图（a）的正弦全息图；（c）图（a）的余弦全息图；（d）正弦全息图的重建；（e）余弦全息图的重建；（f）复全息图的重建（$H_{c_+}(x,y)@z=z_0$）（g）复全息图的重建（$H_{c_-}(x,y)@z=z_0$）

表 3.1　OSH.m：说明光学扫描全息的 m-文件

```
% OSH.m
% Adapted from "Contemporary Optical Image Processing with MATLAB,"
% by Ting-Chung Poon and Partha Banerjee, Table 7.2,
% Pages 222-223, Elsevier (2001).
clear all,
%%Reading input bitmap file
I=imread('vatech.bmp','bmp');
I=I(:,:,1);
figure(1)%displaying input
colormap(gray(255));
image(I)
title('Original image')
axis off
pause
%%Creating OTFosh with SIGMA=z/2*k0 (Eq.(3.5-1a))
ROWS=256;
COLS=256;
sigma=2.0; %not necessary to scale
%kx,ky are spatial frequencies
```

续表

```
ky=-12.8;
for r=1:COLS,
    kx=-12.8;
    for c=1:ROWS,
        OTFosh(r,c)=exp(-j*sigma*kx*kx-j*sigma*ky*ky);
        kx=kx+.1;
        end
ky=ky+.1;
end
max1=max(OTFosh);
max2=max(max1);
scale=1.0/max2;
OTFosh=OTFosh.*scale;
%Recording hologram
% Taking Fourier transform of I
FI=fft2(I);
FI=fftshift(FI);
max1=max(FI);
max2=max(max1);
scale=1.0/max2;
FI=FI.*scale;
% FH is the recorded hologram in Fourier domain
FH=FI.*OTFosh;
H=ifft2(FH);
max1=max(H);
max2=max(max1);
scale=1.0/max2;
H=H.*scale;
figure(1)
colormap(gray(255));
%Displaying the real part becomes sine-FZP hologram
% Eq. (3.5-8a)
image(2.5*real(256*H));
title('Sine-FZP hologram')
axis off
figure(2)
colormap(gray(255));
%Displaying the imaginary part becomes cosine-FZP hologram
% Eq. (3.5-8b)
image(2.5*imag(256*H));
title('Cosine-FZP hologram')
axis off
%Reconstructing holograms
%Reconstruction of sine-hologram,twin-image noise exists
figure(3)
colormap(gray(255))
H=ifft2(FH);
FRSINEH=fft2(real(H)).*conj(OTFosh); %Eq. (2.5-10)
RSINEH=ifft2(FRSINEH);
image(256*abs(RSINEH)/max(max(abs(RSINEH))))
title('Reconstruction of sine-FZP hologram')
axis off
%FH=FHI;
%Reconstruction with cosine-hologram, twin-image noise exists
figure(4)
colormap(gray(255))
FRCOSINEH=fft2(imag(H)).*conj(OTFosh);
RCOSINEH=ifft2(FRCOSINEH); %Eq. (3.5-10)
image(256*abs(RCOSINEH)/max(max(abs(RCOSINEH))))
title('Reconstruction of cosine-FZP hologram')
axis off
figure(5)
colormap(gray(255))
FRCOMPLEXH=fft2(real(H)+j*imag(H)).*conj(OTFosh);
RCOMPLEX=ifft2(FRCOMPLEXH);
image(1.4*256*abs(RCOMPLEX)/max(max(abs(RCOMPLEX))))
```

续表

```
title('Real image reconstruction of complex FZP hologram,Hc+')
axis off
figure(6)
colormap(gray(255))
FRCOMPLEXH2=fft2(real(H)-j*imag(H)).*conj(OTFosh);
RCOMPLEX2=ifft2(FRCOMPLEXH2);
image(1.4*256*abs(RCOMPLEX2)/max(max(abs(RCOMPLEX2))))
title('Reconstruction of complex FZP hologram, Hc-')
axis off
```

3.6　光学扫描全息的物理意义

3.5 节已经从数学角度阐述了光学扫描全息，本节将从物理角度来描述光学扫描全息。为此，在双瞳光学外差扫描图像处理器中选择 $p_1(x,y)=1$ 且 $p_2(x,y)=\delta(x,y)$（此情况如图 3.10 所示），其中透镜 L_1 形成一个点源，透镜 L_2 在扫描镜上形成一个平面波。物体 $|\Gamma_0(x,y;z)|^2=I(x,y)\delta(z-z_0)$ 位于距扫描镜 $z=z_0$ 处，此时可得到不同时间频率的平面波和球面波之间的干涉。因此，扫描光束强度为

$$
\begin{aligned}
I_{\text{scan}}(x,y;t)&=\left|a\exp\left[\mathrm{j}(\omega_0+\Omega)t\right]+\frac{\mathrm{j}k_0}{2\pi z_0}\exp\left[-\frac{\mathrm{j}k_0(x^2+y^2)}{2z_0}\right]\exp(\mathrm{j}\omega_0 t)\right|^2\\
&=A+B\sin\left[\frac{k_0}{2z_0}(x^2+y^2)+\Omega t\right]\\
&=\mathrm{TDFZP}(x,y;z_0,t),
\end{aligned}
\tag{3.6.1}
$$

式中，设平面波的振幅为 a，已经在式(2.5.3) 中定义了 A 和 B。可以看出，除了时间变量 t，对于轴上点源的记录，该方程的形式与式(2.5.4) 的形式基本相同，称为时变菲涅耳波带板（time-dependent Fresnel zone plate，TDFZP），用于以栅格方式扫描物体。对于一个针孔物体，即 $I(x,y)=\delta(x,y)$，其光电探测器的电流 $i(x,y)$ 可由 $\mathrm{TDFZP}(x,y;z_0,t)$ 给出，因为针孔采样为强度图样，所以输出也为强度图样。同样，可以通过数学发现，若利用式(3.1.4)，则可以得到

$$
\begin{aligned}
i(x,y)&\sim\mathrm{TDFZP}(x,y;z_0,t)\otimes\delta(x,y)\\
&=\mathrm{TDFZP}(x,y;z_0,t)\\
&=A+B\sin\left[\frac{k_0}{2z_0}(x^2+y^2)+\Omega t\right],
\end{aligned}
$$

经过设置于 Ω 处的带通滤波后，其外差电流变为

$$
i_\Omega(x,y)\sim\sin\left[\frac{k_0}{2z_0}(x^2+y^2)+\Omega t\right],\tag{3.6.2}
$$

经过电子检测，即与 $\cos\Omega t$ 相乘，再经过低通滤波，可以得到

$$
i_{\mathrm{c}}(x,y)\sim\sin\left[\frac{k_0}{2z_0}(x^2+y^2)\right],\tag{3.6.3}
$$

这就是式(3.5.4a)。因此，可以看到光学扫描全息是通过在三维物体上通过栅格扫描一个时变菲涅耳波带板从而得到两个全息图的方式来实现的。其物理情况如图 3.16 所示，其中，一个点源和一个平面波在光瞳平面上。图中为在给定时间内，如在$t=t_0=0$时刻，扫描光束在目标切片上的图案模式，它变成一个“静止”的菲涅耳波带板。若式(3.6.1)中的时间变化，则得到从边缘向波带板中心移动的变换条纹。因此，光学扫描全息术的基本原理就是，简单地利用时变菲涅耳波带板对三维物体进行二维扫描，从而获得被扫描物体的全息信息。表 3.2 中的 m-文件将帮助我们生成一个时变菲涅耳波带板并演示其条纹的运行。

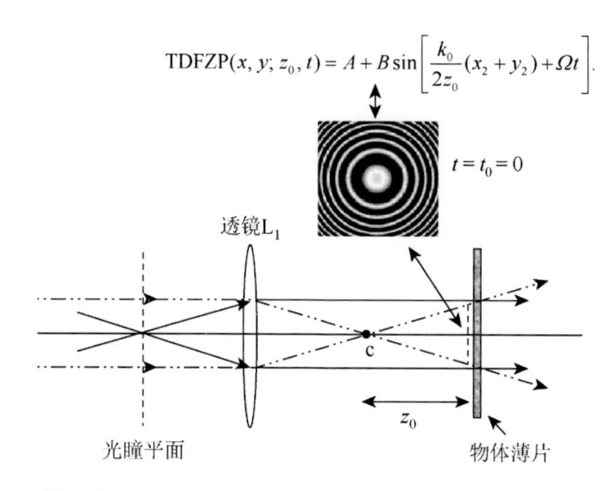

图 3.16 OSH 的原理（利用时变菲涅耳波带板扫描物体，改自 Poon T C，Journal of Holography and Speckle，2004，1：6-25.）

表 3.2 TDFZP.m：说明 TDFZP 变化条纹的 m-文件

```
% TDFZP.m
% Illustration of running fringes in TDFZP
% The author thanks Kelly Dobson for her initial programming
clear;
B=10.01*10^6; %temporal frequency, arbitrary
D=6; %Scale arbitrary
t=linspace(0,1,35);
x=linspace(-2.5,2.5,256);
y=linspace(-2.5,2.5,256);
for ii=1:length(x)
for jj=1:length(y)
for kk=1:length(t)
FZP(ii,jj,kk)=(1+sin(D*(x(ii)^2+y(jj)^2)+B*t(kk))); %TDFZP
end
end
end
for ll=1:length(t)
max1=max(FZP(:,:,ll));
max2=max(max1);
scale=1/max2;
FZP(:,:,ll)=FZP(:,:,ll).*scale;
figure(ll);
colormap(gray(256));
image(256*FZP(:,:,ll));
axis off
F(ll)=getframe;
end
movie(F,10)
```

同样地，也可以选择不同的光瞳函数来实现光学扫描全息，只要可以生成一个时变菲涅耳波带板来扫描三维物体。例如，可以选择 $p_1(x,y)=\delta(x,y)$ 和 $p_2(x,y)=1$，而非之前讨论双瞳外差图像处理器时的 $p_1(x,y)=1$ 和 $p_2(x,y)=\delta(x,y)$，则其扫描强度就变为

$$I_{\text{scan}}(x,y;t)=\left|a\exp\left[\mathrm{j}\omega_0 t\right]+\frac{\mathrm{j}k_0}{2\pi z_0}\exp\left[-\frac{\mathrm{j}k_0(x^2+y^2)}{2z_0}\right]\exp\left[\mathrm{j}(\omega_0+\Omega)t\right]\right|^2$$
$$=A+B\sin\left[\frac{k_0}{2z_0}(x^2+y^2)-\Omega t\right]$$
$$=\mathrm{TDFZP}(x,y;z_0,-t). \tag{3.6.4}$$

这将使条纹从波带板的中心向外跑开，同时也可以通过改变 TDFZP. m 文件 FZP（ii, jj, kk）表达式 B 前的符号来进行验证。事实证明，这种扫描光束对正弦全息图给出的表达式与方程式(3.5.3a) 给出的相同。然而，对于余弦全息图的表达式却不同，在它前面有一个“负”号。注意，外差法产生的误差和灵敏度及这些误差造成的影响并不在本书进行讨论。读者可参考《全息干涉测量手册》（*Handbook of Holographic Interferometry*）第 5.4 节（Kreis，2005），这将有助于深入了解外差全息干涉测量的实际局限性。

当 Ω 设为 0 时，会有零差（homodyning）处理，且时变菲涅耳波带板变为静态。若通过在两个干涉波之间引入相移用于生成菲涅耳波带板，则可以获得三种全息图（作为三种不同相移的结果），也可以解决光学扫描全息中的孪生像问题（Roscn ct al.，2006）.

参 考 文 献

3.1 Duncan, B.D. and T.-C. Poon (1992). Gaussian beam analysis of optical scanning holography, *Journal of the Optical Society of America A* 9, 229-236.

3.2 Doh, K., T.-C. Poon, M. Wu, K. Shinoda, and Y. Suzuki (1996). 141.

3.3 General Scanning. http://www.gsig.com/scanners/

3.4 Indebetouw, G. and T.-C. Poon (1992). Novel approaches of incoherent image processing with emphasis on scanning methods, *Optical Engineering* 31, 2159- 2167.

3.5 Indebetouw, G., P. Klysubun, T. Kim, and T.-C. Poon (2000). Imaging properties of scanning holographic microscopy, *Journal of the Optical Society of America A* 17, 380-390.

3.6 Indebetouw, G and W. Zhong (2006). Scanning holographic microscopy of three-dimensional fluorescent specimens, *Journal of the Optical Society of America A*. 23, 1699-1707.

3.7 IntraAction Corp. http://www.intraaction.com/

3.8 T.-C. Poon (1999). Extraction of 3-D location of matched 3-D object using power fringe-adjusted filtering and Wigner analysis, *Optical Engineering* 38, 2176-2183.

3.9 Korpel, A. (1981). Acousto-optics-a review of fundamentals, *Proceedings of the IEEE* 69, 48-53.

3.10 Kreis, T. (2005). *Handbook of Holographic Interferometry*. Wiley-VCH GmbH & Co. KGaA, Weinheim.

3.11 Lohmann, A. W. and W. T. Rhodes (1978). Two-pupil synthesis of optical transfer functions, *Applied Optics* 17, 1141-1150.

3.12 Poon, T.-C. (1985). Scanning holography and two-dimensional image processing by acousto-optic two-pupil synthesis, *Journal of the Optical Society of America A* 4, 521-527.

3.13 Poon, T.-C. (2002a). Three-dimensional television using optical scanning holography, *Journal of Information Display* 3, 12-16.

3.14 Poon, T.-C. (2002b). Acousto-Optics, *Encyclopedia of Physical Science and Technology*, Academic Press.

3.15 Poon, T.-C. (2004). Recent progress in optical scanning holography, *Journal of Holography and Speckle* 1, 6-25.

3.16 Poon, T.-C. (2006). Horizontal-parallax-only optical scanning holography, in chapter 10 of *Digital Holography and Three-Dimensional Display: Principles and Applications* , T.-C. Poon ed., Springer, New York, USA.

3.17 Poon, T.-C. and A. Korpel. (1979). Optical transfer function of an acousto-optic heterodyning image processor, *Optics Letters* 4, 317-319.

3.18 Poon, T.-C., K. Doh, B. Schilling, M. Wu, K. Shinoda, and Y. Suzuki (1995). Three-dimensional microscopy by optical scanning holography, *Optical Engineering* 34, 1338-1344.

3.19 Poon, T.-C. and T. Kim (1999). Optical image recognition of three-dimensional objects, *Applied Optics* 38, 370-381.

3.20 Poon, T.-C., T. Kim, G. Indebetouw, B. W. Schilling, M. H. Wu, K. Shinoda, and Y. Suzuki (2000). Twin-image elimination experiments for three-dimensional images in optical scanning holography, *Optics Letters* 25, 215-217.

3.21 Poon T.-C. and P. P. Banerjee (2001). *Contemporary Optical Image Processing with MATLAB®*. Elsevier, Oxford, UK.

3.22 Poon, T.-C., T. Kim and K. Doh (2003) Optical scanning cryptography for secure wireless transmission, *Applied Optics* 42, 6496-6503.

3.23 Poon, T.-C. and T. Kim (2006). *Engineering Optics with MATLAB®*. World Scientific Publishing Co., Singapore.

3.24 Pratt, W.K. (1969). *Laser Communications Systems*, John Wiley & Sons.

3.25 Rosen, J., G. Indebetouw, and G. Brooker. 2006. Homodyne scanning holography, *Optics Express* 14, 4280-4285.

3.26 Yamaguchi, I. and T. Zhang (1997). Phase-shifting digital holography, *Optics Letters* 22, 1268-1270.

第 4 章　光学扫描全息术的应用

到目前为止，光学扫描全息术的应用已涉及五个不同的领域：扫描全息显微术（Poon et al.，1995）、三维图像识别（Poon and Kim，1999）、三维光学遥感（Kim and Poon，1999）、三维全息电视和三维显示（Poon，2002a）及三维加密（Poon et al.，2003）。本章仅讨论上述提到的三个方向，即集中在扫描全息显微术、三维全息电视和三维显示及三维加密领域，并以此为顺序进行阐述，其他领域在近期已出版图书的部分章节中有所讨论（Poon，2002b；Poon，2005）。

4.1　扫描全息显微术

众所周知，光学显微中的横向分辨率（lateral resolution）Δr 越大，焦深（depth of focus）Δz 就越短，因此三维成像对光学显微来说是一项艰巨的任务。换句话说，若想在显微成像系统中有更高的横向分辨率，比如使用一个高数值孔径（numerical aperture，NA）的透镜，就需要采用较短焦深的系统，因此只可能有一个薄片标本可被成像。为了证明这一事实，现在从量子力学的角度对其进行论证。

先来求横向分辨率，即 Δr。量子力学将量子位置的最小不确定度 Δr 与其动量的不确定度 Δp_{r} 联系起来，根据以下关系

$$\Delta r \Delta p_{\mathrm{r}} \geqslant h, \tag{4.1.1}$$

式中，Δp_{r} 为光线 CA 和 CC' 沿 r 方向的动量差，其横截面方向如图 4.1 所示，其中平行光线通过透镜聚焦。这里，光线 CA 和 CC'的动量在 r 方向上分别为 $p_0\sin(\theta/2)$ 和 0，且 $p_0 = h/\lambda_0$ 为量子的动量。因此，$\Delta p_{\mathrm{r}} = p_0\sin(\theta/2)$。将其代入式(4.1.1)，得到

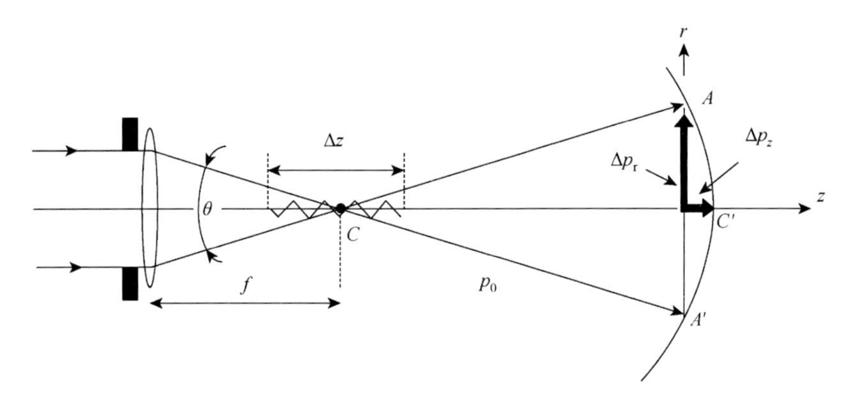

图 4.1　不确定原理用于求解分辨率和焦深

$$\Delta r \geqslant \frac{h}{\Delta p_{\mathrm{r}}}=\frac{h}{p_0 \sin\left(\frac{\theta}{2}\right)}=\frac{h}{\left(\frac{h}{\lambda_0}\right)\sin\left(\frac{\theta}{2}\right)}=\frac{\lambda_0}{\sin\left(\frac{\theta}{2}\right)}.$$

当物空间或样本空间的折射率为 n_0 时，则介质中的波长一定等于 λ/n_0，其中 λ 为空气或真空中的波长。因此，上述方程变为

$$\Delta r \geqslant \frac{\lambda}{n_0 \sin\left(\frac{\theta}{2}\right)}=\frac{\lambda}{\mathrm{NA}}, \tag{4.1.2}$$

式中，$\mathrm{NA}=n_0\sin(\theta/2)$ 为数值孔径（numerical aperture）。同样，为了求焦深 Δz，有

$$\Delta z \Delta p_z \geqslant h, \tag{4.1.3}$$

式中，Δp_z 为光线 CA' 与 CC' 沿 z 方向的动量差，如图 4.1 所示，可由下式给出：

$$\Delta p_z = p_0 - p_0\cos\left(\frac{\theta}{2}\right).$$

将该式代入式(4.1.3)，得到

$$\Delta z \geqslant \frac{h}{\Delta p_z}=\frac{h}{p_0\left[1-\cos\left(\frac{\theta}{2}\right)\right]}=\frac{\lambda_0}{\left[1-\cos\left(\frac{\theta}{2}\right)\right]},$$

上式可写为

$$\Delta z \geqslant \frac{\lambda_0}{\left[1-\sqrt{1-\sin^2\left(\frac{\theta}{2}\right)}\right]} \approx \frac{2\lambda_0}{\sin^2\left(\frac{\theta}{2}\right)}=\frac{2n_0\lambda}{\mathrm{NA}^2}, \tag{4.1.4}$$

式中，$\sqrt{1-\sin^2(\theta/2)}\approx 1-\frac{1}{2}\sin^2(\theta/2)$，为了得到最后一个表达式，假设 $\sin^2(\theta/2)\ll 1$。

现在，结合式(4.1.2)和式(4.1.4)，有

$$\frac{(\Delta r)^2}{\Delta z} \geqslant \frac{\lambda_0}{2}. \tag{4.1.5}$$

由“不确定性关系（uncertainty relationship）”可知，当横向分辨率变为 2 倍时，焦深将降为 1/4。由此可见，横向分辨率越大，焦深越短。因此，三维显微成像旨在开发能够提供高横向分辨率的技术，同时保持大的焦深，以便观察厚的标本。

在过去十年[①]中，三维显微成像技术的兴起令人印象深刻，其中光学切片显微术（optical sectioning microscopy，OSM）和扫描共焦显微术（scanning confocal microscopy，SCM）是目前在实际应用中最常见的两种技术。

如图 4.2 所示，光学切片显微镜是利用大视场显微镜来连续记录一系列聚焦在不同深度的图像（Agard，1984）。由于每个二维图像都包含聚焦信息和离焦信息，因此需要

① 原著出版时间为 2007 年，此处对应为原著出版前十年。本书未明确具体时间的均参考原著出版时间。

重建其三维信息，即从这些二维图像中提取聚焦信息。为此，开发了许多重建算法。然而，光学切片显微镜的困难在于记录阶段必须精确控制相邻二维图像之间的纵向间距，这点很重要。此外，即使在计算机处理之前，二维图像的精确配准也是至关重要的。

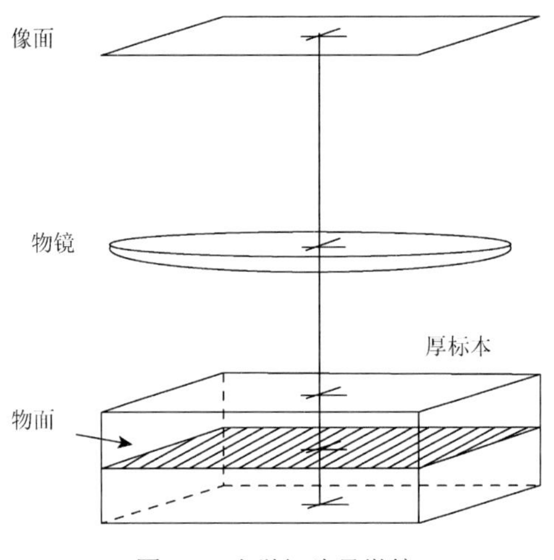

图 4.2　光学切片显微镜

认识到这些问题，一种全新的显微镜设计——扫描共焦显微镜出现了（Wilson and Sheppard，1984）。共焦原理最早由 Minsky 提出（Minsky，发明专利，美国，1961）。在扫描共焦显微镜中，双聚焦物镜系统和光电探测器前的针孔孔径仅对三维样品中的单个点成像，如图 4.3 所示。所有来自聚焦面上（实光线）的光都聚焦在针孔孔径处，并进入光电探测器，而来自离焦面（虚光线）的光被针孔过滤掉。利用光电探测器采集并通过标本传输的光，同时通过对标本进行三维扫描从而获取标本的三维信息。

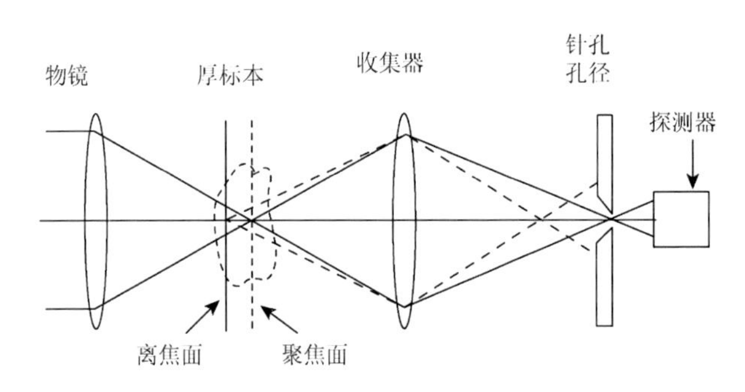

图 4.3　扫描共焦显微镜

理论上，扫描共焦显微镜相比光学切片显微镜能够提供更高的横向分辨率。如果光学切片显微镜的横向分辨率为 $\Delta r = \lambda/\mathrm{NA}$，那么扫描共焦显微镜的横向分辨率为 $0.73\Delta r$（Corle and Kino，1996）。换句话说，通过共焦成像可以获得更高的分辨率。然而，这样的理论极限在实践中却从未达到。与扫描共焦显微镜相关的主要问题之一是实际的扫描设备很难达到满足高分辨率成像和长工作景深（depth of field）的精度。术语景深 Δl 在这里指的是在一定距离 Δz 内成清晰像的物体（或标本）的距离范围，Δz 即像空间的焦深。实际上，若 M 为成像系统的横向放大率，则 $\Delta l = \Delta z / M^2$（见例 4.1）。

本质上，这两种方法（光学切片显微术和扫描共焦显微术）都需要准确的三维定位设备，这对共焦方法来说尤为关键，因其复杂的技术和昂贵的设备，需要对使用人员进行专门的技术培训，以确保其能够正确使用。然而，对于生物学中的某些应用，这些设备的主要缺点是数据是通过缓慢的三维扫描顺序获取的。这种冗长的数据采集时间是进行活体（in vivo）研究的一个严重缺陷。例如，它阻止了检测细胞间进行动态相互作用的可能性。此外，数据采集时间过长加剧了荧光显微术（fluorescence microscopy）中的光漂白（photo-bleaching）问题（Pawley，1995）。简单来说，光漂白造成的损害是指样品在过度暴露时不会发出荧光。这一问题对细胞研究中的重要性促进了如双光子扫描荧光成像（two-photon scanning fluorescence imaging）等极其复杂技术的发展。这里还想指出，基于干涉测量的光学相干层析成像（optical coherent tomography，OCT）是另一种新兴的相关三维显微技术（Huang et al.，1991）。但同样，该技术也需要沿深度方向扫描物体。实际上，所有现存的商用显微镜（光学切片显微镜、扫描共焦显微镜和光学相干层析成像）都需要轴向扫描才能实现三维成像。消除对三维扫描或更多专用依赖对深度扫描的需要，可为研究新颖的三维显微镜的全息方法提供动力。

全息术在实际中可用于希望获得三维数据但其轴向扫描很难或甚至不可能实现的场合，通过全息术就有能力获取大体积空间的高分辨率三维信息。近年来，全息显微术越来越受欢迎，因为它代表了一种与上述传统三维显微术不同的新方法（Zhang and Yamaguchi，1998；Kim，2000）。传统上，全息显微镜已被用于生物学，但因其对非相干光（如荧光）不敏感，所以它在生命科学领域中的应用严重受限。一种基于光学扫描全息原理的扫描全息显微镜只需进行一次二维的 x-y 扫描即可获得三维信息（不需要轴向扫描，故可减少三维成像的采集时间）。最重要的是，该扫描全息显微镜具有成像荧光标本的能力，这是全息术的一个突破，因为在光学扫描全息术发明之前，传统的全息显微镜根本无法捕获荧光标本（Poon et al.，发明专利，美国，2000）。此外，与扫描共焦显微镜相比，扫描全息显微镜能够提供更高的理论横向分辨率。扫描全息显微镜的分辨率为 $0.5\,\Delta r$，其中 Δr 是宽视场显微镜的分辨率（Indebetouw，2002）。本书将在第 5 章进一步阐述这一内容。可以发现，光学相干层析成像技术并不能进行荧光成像。因此，光学扫描全息对于三维生物医学应用来说是一项非常独特的技术。

为了使扫描全息显微镜与图 4.2 和图 4.3 的光学切片显微镜和扫描共焦显微镜同样简洁，设计了如图 4.4 的扫描全息显微镜结构。原理上，需要一个时变菲涅耳波带板对厚标本进行二维栅格扫描，如图 4.4 所示。

图 4.5（a）是用于荧光应用的一个扫描全息显微镜的实际装置。在该图中，时间频率间隔为 $\Delta\Omega$ 的两束宽激光束（来自于 514nm 的 Ar 激光器）分别入射到反射镜和分束镜，并利用声光移频器实现各光束的频移。该结构将激光分为频率间隔为 $\Delta\Omega / 2\pi = 10.7\text{MHz}$ 的两束光，使这两束光准直并互相平行。透镜 L_1 置于其中一光束以形成球面波，然后与另一光束在分束器处共线合成，这时将在物体上形成一个时变菲涅耳波带板，该菲涅耳波带板位于球面波焦点外的 z 处。

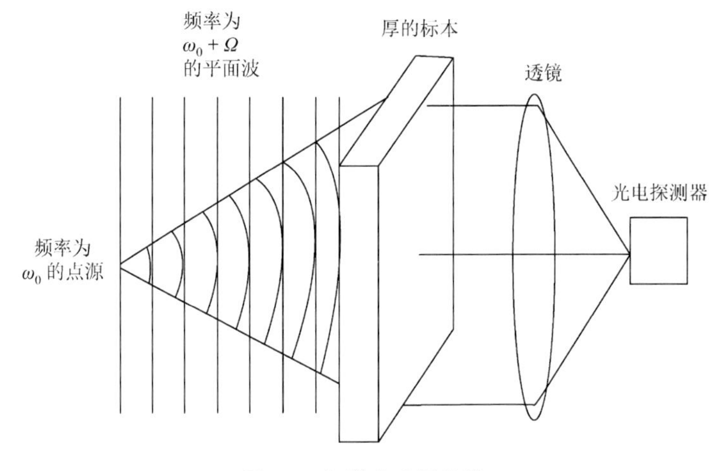

图 4.4　扫描全息显微镜

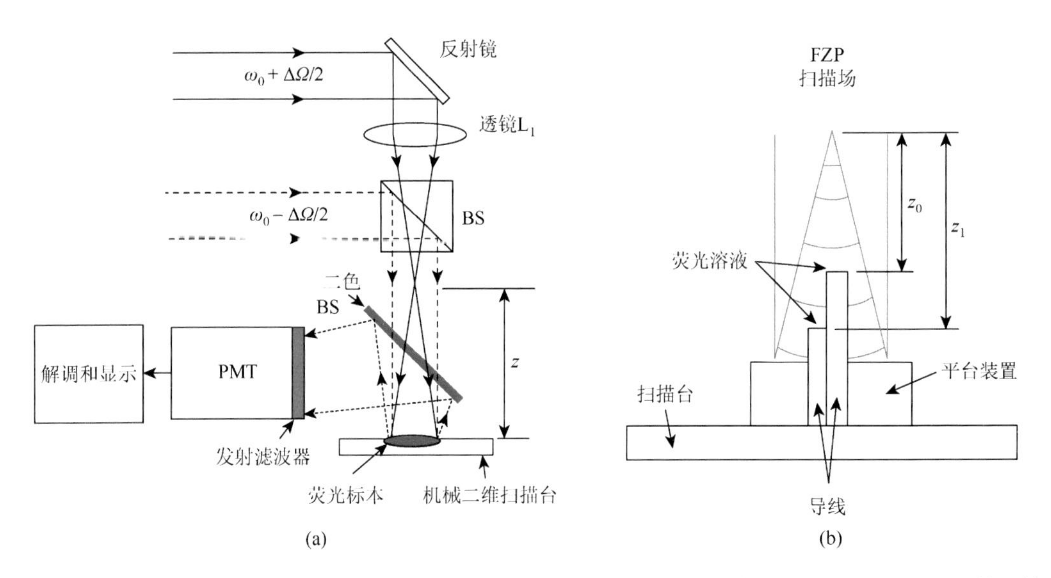

图 4.5　实际装置：（a）利用光学扫描全息术记录荧光样品全息图的实验装置（PMT 是光电倍增管。摘自 Schilling B W et al.，Optics Letters，1997，22：1506，经© OSA 允许）；（b）根据 Schilling 等（1997）制作的两根导线两端的荧光溶液实验装置

其中，光经过二色分光镜后，514nm 波段的光透射，595nm 附近波段的光反射。因此，激光被允许通过该二色分光镜并激发荧光标本，该荧光标本在 560nm 处发光。此外，在将发射滤光片直接置于光电倍增管之前允许荧光通过，但阻止 514nm 背景激光通过。使用计算机控制机械 x - y 扫描设备，以栅格模式通过菲涅耳波带板扫描标本。该光电倍增管的电流包含被扫描物体的全息信息，通过 10.7MHz 的电子滤波并放大，解调后与 x - y 扫描设备同步数字化，最终产生电子全息图。从中可以发现，其解调是通过在图 3.6 中讨论过的常规电子检测来完成的。然而，在实验中只用了一个通道，即外差电流的同相分量。

实验中所用的荧光样品由含高浓度荧光乳胶微珠的溶液组成。该微珠直径为 15μm，在 530nm 处达到激发峰值，在 560nm 处达到发射峰值。为了证明该系统对深度的识别能力，使用一个荧光物体，其由两根相邻放置且平行于光轴的导线组成，但末端距透镜 L_1 的焦点距离略有不同。每根导线末端有一滴荧光液，这两滴溶液在深度方向上相隔约 2mm［右边的滴在 $z_0 \approx 35\text{mm}$ 处，而左边的滴在 $z_1 \approx 37\text{mm}$ 处，如图 4.5(b)所示］。将该荧光标本的全息图显示在图 4.6 中，可以看出这两滴在全息图中很容易分辨。

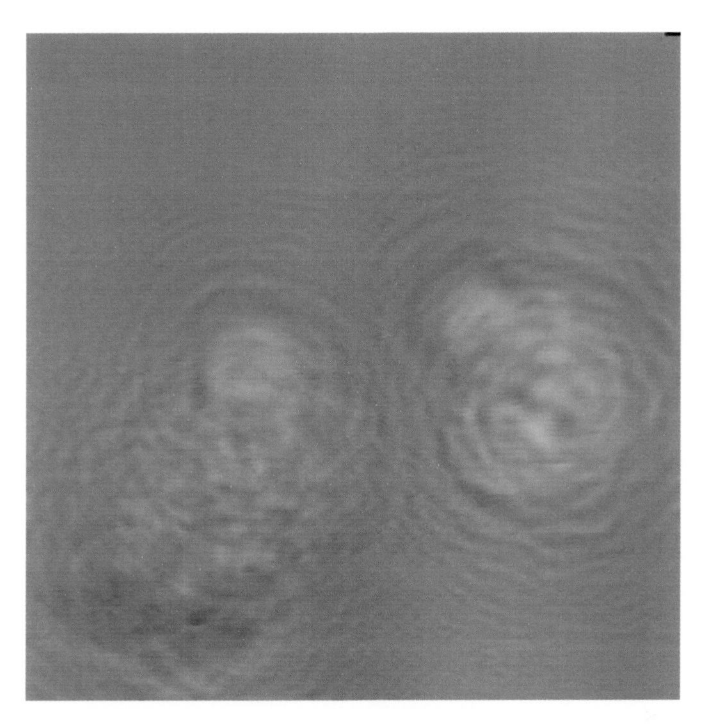

图 4.6　利用光学扫描全息术记录的荧光标本全息图（物体是由深度方向间隔 2mm 且含高浓度荧光乳胶微珠的两滴溶液组成。该图像是由 256 像素×256 像素组成的 256 级灰度图像，扫描面积约为 2.0mm×2.0mm。转自 Schilling B W et al.，Optics Letters，1997，22：1506，经© OSA 允许）

光学扫描全息系统的分辨率受系统数值孔径的限制，NA 实际上取决于透镜 L_1 的焦距 ($f = 150\text{mm}$) 和会聚在透镜 L_1 上平面波的直径 ($D = 10\text{mm}$)。根据式(4.1.2)和式(4.1.4)，对应于 $\Delta r \approx 18.5\mu\text{m}$ 和 $\Delta z \approx 1028.4\mu\text{m}$ 衍射受限的分辨率极限，系统的 NA 值约为 0.033。该 15μm 的微珠非常接近装置上横向分辨率的极限。

一旦全息图被记录和存储，其三维图就可以通过光学或数字方式进行重建。这里对两种不同深度的全息图进行数值图像重建。图 4.7(a)为 $z_0 = 35\text{mm}$ 处的重建图像，而图 4.7(b)为 $z_1 = 37\text{mm}$ 处的重建图像。由于每个荧光滴的个体特征在这些图中并不明显，所以在图中标记了箭头，以表示感兴趣的特定区域。在图 4.7(a)中，左边的荧光滴相比右边聚焦得更好。图 4.7(a)的箭头处表明，指定液滴的全息图在 z_0 深度处的重建比在图 4.7(b)中 z_1 深度处的重建效果更好。类似地，图 4.7(b)中的箭头指出了一串四颗珠子，当全息图在深度 z_1 时，这些珠子是可以被单独分辨的，但在图 4.7(a)的图像重建平面 z_0 处却是模糊的。

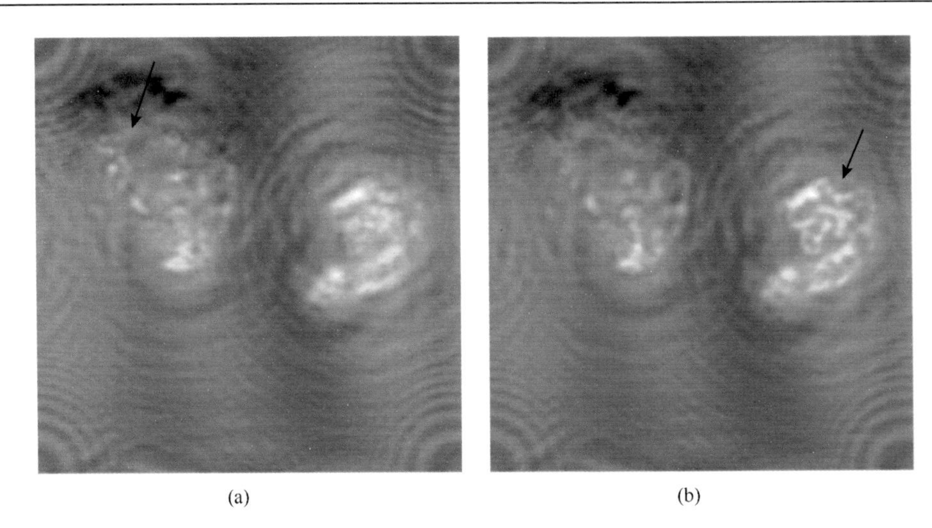

(a)　　(b)

图 4.7　图 4.6 全息图的重建：（a）深度 $z_0 = 35\text{mm}$ 处（箭头处表明单个荧光珠在此深度处是聚焦的）；（b）深度 $z_1 = 37\text{mm}$ 处（该箭头表明四颗荧光滴在此深度处是聚焦的）（转自 Schilling B W et al.，Optics Letters，1997，22：1506，经© OSA 允许）

可以发现，由于只是外差电流的同相分量被记录并用于生成图 4.6 的全息图，所以在这些重建中存在孪生像噪声（即残余“边缘现象”）。

扫描全息成像的一个重要特征是第一次通过光学全息技术记录荧光标本的全息图（Poon 等，发明专利，美国，2000）。因为全息技术需要相干光波，而荧光成像并不会产生相干光，所以传统意义上全息和荧光成像似乎永远不能相通。然而，光学扫描全息术使之成为可能，并能够记录荧光标本的全息图。事实上，光学扫描全息术还可以应用于三维生物医学应用，如荧光成像（Indebetouw et al.，1998）和通过浑浊介质的近红外成像（Sun and Xie，2004）。最近，超过 1μm 分辨率的全息荧光显微镜也得以确认（Indebetouw and Zhong，2006）。

4.2　三维全息电视及三维显示

图 4.8 是一个用于概念性三维显示的全息系统，它具有对点源物体的完整记录和重建阶段。正如第 2 章提到的，如果记录膜被如 CCD 摄像机的一些电子设备取代，那么可通过将 CCD 的电子输出传输到一些空间光调制器上进行三维显示。当以视频速率将全息信息传输到空间光调制器时，就实现了一个三维全息显示系统。

全息图的首次电视传输是由 Enloe 等（1966）演示的。物体透明片的菲涅耳衍射图样与离轴平面波干涉所形成的离轴全息图被电视摄像机记录，记录的全息图通过闭路电视传输，并在二维显示器上显示，所显示的二维记录被拍照形成全息图，全息图随后被相干光学系统重建。此后该技术取得了很大进展，许多新的全息装置也不断出现（Macovski，1971；Brown，Noble and Markevitch，发明专利，美国，1983）；Kirk，国际专利，1984；Benton，1991；Shinoda et al.，发明专利，美国，1991；Schilling and Poon，发明专利，美国，2004）。

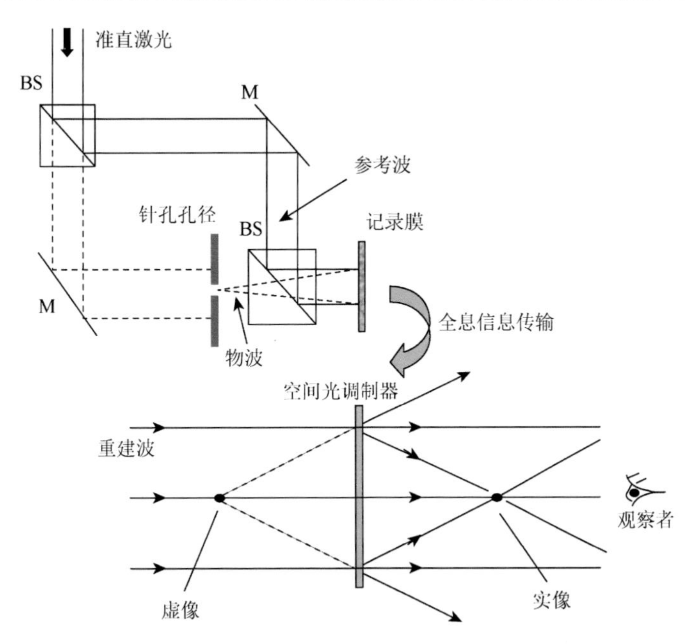

图 4.8 概念性的三维显示全息系统

本节介绍最近提出的全息电视系统，该系统使用光学扫描全息术获取全息信息，并利用空间光调制器实现最终的相干三维显示（Poon，2002a）。到目前为止，我们应该已经熟悉光学扫描全息了，所以这里首先描述该系统使用的空间光调制器，随后再讨论整个系统。本节提出的全息电视（TV holographic）系统在实验中使用的空间光调制器称为电子束寻址空间光调制器（electron-beam-addressed spatial light modulator，EBSLM），该装置如图 4.9 所示。

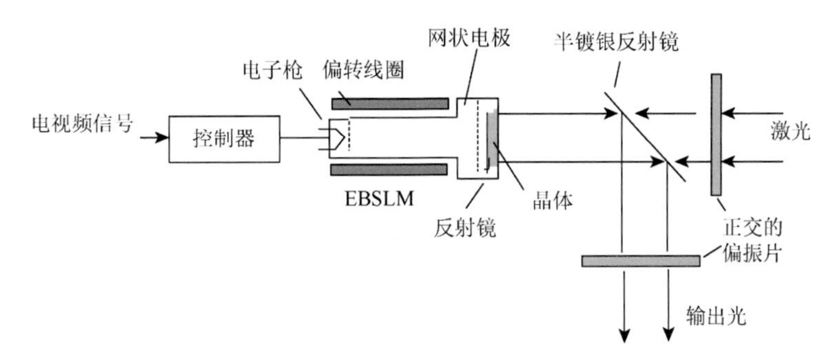

图 4.9 用于相干显示的电子束寻址空间光调制器

电子束寻址空间光调制器的控制器需输入串行视频信号，控制器依次提供信号以调制电子束寻址空间光调制器内电子枪的发射强度。该电子束用过偏转线圈对 $LiNbO_3$ 晶体表面进行二维扫描，结果使电荷在晶体表面积聚。由于泡克耳斯效应（Pockels effect），空间感应电场使晶体变形（Poon and Kim，2006），一对正交的偏振片可读取激光在晶体上的空间分布。同时，输出激光的相干空间分布与晶体上的二维扫描视频信息相对应。

将用于全息记录的光学扫描全息术与用于相干显示的电子束寻址空间光调制器相结合，可实现完整的全息电视系统。如图 4.10 所示，在其顶部添加了一个光学扫描全息系统。

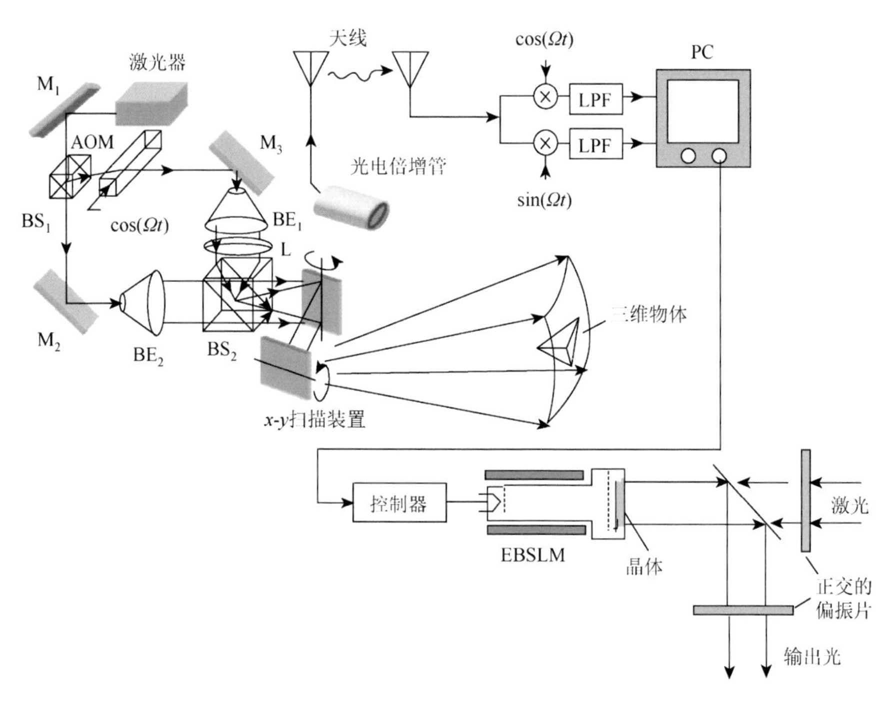

图 4.10　全息电视系统（改自 Poon T C，J. of Information Display，2002a，3：12-16）

在该系统顶部，M_1、M_2和M_3表示反射镜，BS_1和BS_2表示分束镜，AOM 是用于给激光进行频移Ω的声光调制器，BE_1和BE_2为扩束器。可以发现，透镜 L 用于将光聚焦为一个点光源到BS_2上，再通过 x-y 扫描装置投射一个球面波至物体上，而BE_2则向物体投射一个平面波。在对物体进行二维栅格扫描后，光电倍增管就可以获取物体上的散射光，并将外差电流作为输出电流。如果外差电流在射频（radio frequency，RF）范围内，那么它可以通过天线直接辐射到远程站点进行解调，并在解调站点进行常用的电子多路检测。计算机可对两个全息图（正弦全息图和余弦全息图）进行处理，并将其输出到电子束寻址空间光调制器的控制器进行全息信息的相干重建，从而将输出光显示给观众。因此，这里具备一个完整的全息电视系统。该系统由 Poon（2002a）提出，这种利用光学扫描全息获取全息信息并利用空间光调制器进行显示的想法已经在图 4.11 的系统中进行了测试。从图中可以看出，时变菲涅耳波带板用来扫描三维物体，光电探测器的输出在频率Ω处被带通滤波后与$\cos\Omega t$合成得到正弦菲涅耳波带板全息图$i_c(x,y)$，如式(3.5.3a) 所述，并利用电子束寻址空间光调制器进行相干重建。

图像处理与测量系统（image processing and measuring system，IPMS）是一种充当接收慢扫描电信号并将信息存储在数字存储器中的接口设备，该信息被转换为 NTSC 视频信号（Hamamatsu Photonics K.K.和 Hamamatsu Corp.，NJ）。当图像处理与测量系统的视频信号在电视显示器上显示时，三维物体的正弦菲涅耳波带板全息图就可以显示如图 4.12 所示。三维物体由两个透明片组成，即并排放置的字母“V”和“T”，其深度间隔距离约为 15cm，其中“V”距二维扫描设备更近，约为 23cm，即 $z=23\text{cm}$。这两个字母都印在 35mm 的透明片上，在不透明的背景下线宽约为 100μm，是透射的。电子束寻址空间光调制器的反射光通过如图 4.11 所示的检偏器后，在距离检偏器 $M\times z$ 处一个相干图像被重建，这里 z 为扫描镜到物体的距离（如图 4.11 中全息记录阶段所示），M 为因各种全息图缩放而产生的全息成像系统的纵向放大因子。全息图缩放（hologram scaling）的一个例子是电子束寻址空间光调制器中全息图的显示区域不同于物体的实际光学扫描区域。例 4.1 将对全息放大率进行讨论。

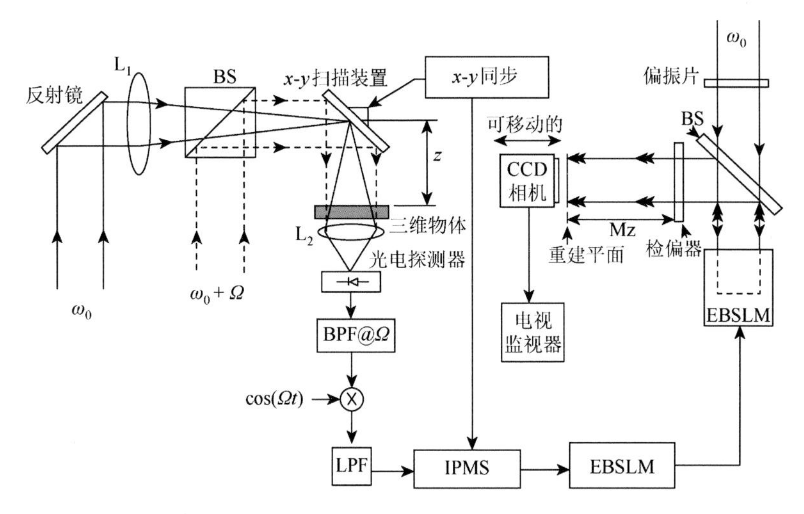

图 4.11　三维全息电视系统实验（改自 Poon T C et al.，Optical Review，1997，4：576）

图 4.12　位于不同深度的两个字母“V”和“T”的正弦菲涅耳波带板全息图（转自 Poon T C et al.，Optical Engineering，1995，34：1338. 经© SPIE 许可）

全息图沿深度被重建，通过可移动的 CCD 相机可在不同的重建面上被观察到。图 4.13(a)、图 4.13(c)和图 4.13(e)分别为利用电子束寻址空间光调制器进行不同深度的全息图实时重建。在三维重建中，图 4.13(a)和图 4.13(e)中的 $M \times z$ 分别为 23cm 和 41cm。在图 4.13(a)中，可以发现“V”是聚焦的，在图 4.13(e)中，“T”是聚焦的。同样可以看到，由于只利用了一个通道，即正弦菲涅耳波带板全息图，重建的像面受孪生像噪声的影响。为了进行比较，在图 4.13(b)、图 4.13(d)和图 4.13(f)中分别给出了数字重建（Poon et al.，1995）。

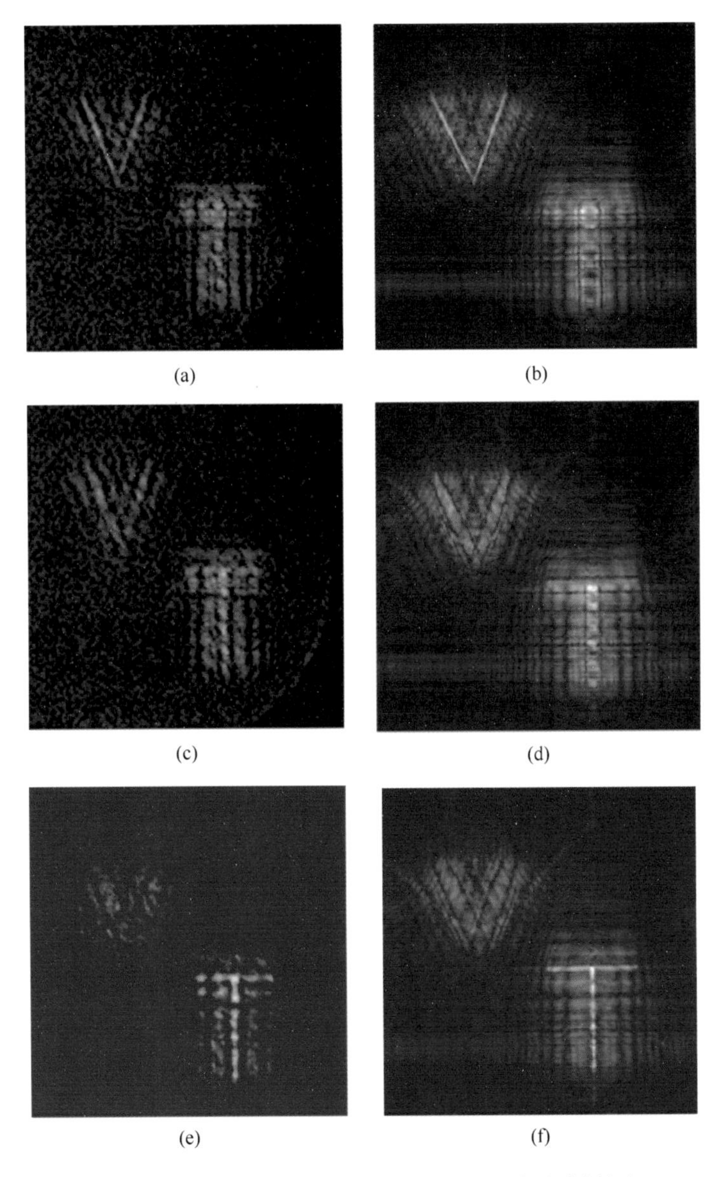

图 4.13　全息重建：(a)、(c) 和 (e) 电子束寻址空间光调制器的重建[转自 Poon T C et al.，Optical Review 4，576（1997）]；(b)、(d) 和 (f) 数字重建（转自 Poon T C et al.，Optical Engineering，1995，34：1338. 经© SPIE 许可）

电子束寻址空间光调制器系统能够以视频速率显示全息图，当然，一些商业 x - y 扫描设备也能够以视频速率工作。但是，这里真正所做的是利用空间光调制器来进行沿深度相干重建。那么，在全息电视中显示真实的三维图像的前景如何呢？

例 4.1　全息放大率（holographic magnification）

下面在光学扫描全息的情况下推导全息放大率。考虑一个三点的物体，由下式给出：

$$\delta(x,y,z-z_0)+\delta(x-x_0,y,z-z_0)+\delta[x,y,z-(z_0+\Delta z_0)], \tag{4.2.1}$$

其中，前两个点位于距点源 z_0 处，产生如图 4.4 所示的球面波。这两个点具有 x_0 的横向间隔。第三个点位于距离前两个点 Δz_0 [①]的位置。根据式(3.5.3a)，当这个三点物体被扫描时，被扫描的解调电信号 i_c 会给出一个正弦全息图，即

$$H_{3-p}(x,y)\sim\sin\left[\frac{k_0}{2z_0}(x^2+y^2)\right]+\sin\left\{\frac{k_0}{2z_0}\left[(x-x_0)^2+y^2\right]\right\}$$
$$+\sin\left[\frac{k_0}{2(z_0+\Delta z_0)}(x^2+y^2)\right]. \tag{4.2.2}$$

若该全息图被 λ_0 的平面波照射，则这三个点将在其各自位置被重建。现在来考虑全息放大率。

1. 全息图缩放（hologram scaling）

放大率可通过放大全息图实现，但这是一项困难的任务，尤其是当处理离轴全息图时，其条纹密度达到数千线对/毫米的数量级。大多数照片放大机没有足够的分辨率来处理这些细节。因此，这种方法不太实用。然而，使用扫描技术可生成同轴全息图，缩放也很简单。全息图可以按 M 的比例缩放，只需在不同于光扫描区域的区域显示全息图即可。在这种情况下，式(4.2.2)变为

$$H_{3-p}(Mx,My)=\sin\left\{\frac{k_0}{2z_0}\left[(Mx)^2+(My)^2\right]\right\}$$
$$+\sin\left\{\frac{k_0}{2z_0}\left[(Mx-x_0)^2+(My)^2\right]\right\}$$
$$+\sin\left\{\frac{k_0}{2(z_0+\Delta z_0)}\left[(Mx)^2+(My)^2\right]\right\}. \tag{4.2.3}$$

当 $M<1$ 时，可实现放大，而当 $M>1$ 时，则对应缩小。通过重写式(4.2.3)，可以得到

$$H_{3-p}(Mx,My)=\sin\left[\frac{k_0}{2z_0/M^2}(x^2+y^2)\right]$$
$$+\sin\left\{\frac{k_0}{2z_0/M^2}\left[(x-x_0/M)^2+y^2\right]\right\}$$
$$+\sin\left\{\frac{k_0}{2(z_0+\Delta z_0)/M^2}(x^2+y^2)\right\}. \tag{4.2.4}$$

---

① 此处，对原著进行了修正。

现在，利用波长 λ_0，在光学重建时，通过检验式(4.2.4)的第一项和第二项可以发现，两个实像点在距离全息图 z_0/M^2 的位置处形成，彼此之间的重建横向距离为 x_0/M。当定义横向放大率（lateral magnification）M_{lat} 为重建的横向距离与原始横向距离 x_0 之间的比值时，可以得到 $M_{\text{lat}}=1/M$。为了确定沿纵向的放大率，需关注式中的第一项和第三项，重建后可以看到两个点分别重建在位置 z_0/M^2 和 $(z_0+\Delta z_0)/M^2$ 处。将纵向放大率（longitudinal magnification）M_{long} 定义为重建纵向距离 $\Delta z_0/M^2$ 与原始纵向距离 Δz_0 之间的比值，可以得到 $M_{\text{long}}=1/M^2$。

2. 波长缩放（wavelength scaling）

通过不同的波长如 $m\lambda_0$（或 k_0/m）对全息图进行重建，这里 m 为一个常数。因此，根据菲涅耳衍射，距离全息图 z 处的场分布可由下式给出：

$$H_{3-p}(x,y)*h(x,y;z,k_0/\mathrm{m})\propto\left\{\sin\left[\frac{k_0}{2z_0}(x^2+y^2)\right]+\sin\left\{\frac{k_0}{2z_0}\left[(x-x_0)^2+y^2\right]\right\}+\sin\left[\frac{k_0}{2(z_0+\Delta z_0)}(x^2+y^2)\right]\right\}$$
$$*\frac{\mathrm{j}k_0/m}{2\pi z}\exp\left[-\frac{\mathrm{j}k_0/m}{2z}(x^2+y^2)\right].\tag{4.2.5}$$

该方程表明，在横向上没有放大。在纵向上，可以检验式中第一项和第三项的结果。同样，当再次考虑实像重建时，式中的第一项和第二项会在 $z=z_0/m$ 处成像；第三项会在 $z=(z_0+\Delta z_0)/m$ 处生成一个实像。因此，在这种情况下，$M_{\text{lat}}=1$ 和 $M_{\text{long}}=1/m$。重建体在相同的横向放大率下被压缩或扩大至原来的 $1/m$ 倍。当 $m>1$ 时，被压缩。当用可见光进行记录和重建时，m 为 0.5～1.8。然而，当使用数字重建时，m 可任意选择。

3. 结合全息缩放和波长缩放的重建（reconstruction combining hologram scaling and wavelength scaling）

若改变全息图的尺度，并使用不同的波长进行重建，则沿横向和纵向的组合放大率为 $M_{\text{lat}}=1/M$ 和 $M_{\text{long}}=1/mM^2$。因此，可以看到重建体积 $x_0\Delta z_0/mM^3$ 不同于原始体积 $x_0\Delta z_0$。当放大原始三维物体时，将产生失真。众所周知，这是三维光学成像放大后的结果。为了在重建时得到真实的三维视图，当全息图的尺度变化为 M 时，令 $m=1/M$，可以得到 $M_{\text{lat}}=m$ 和 $M_{\text{long}}=m$，有 $M_{\text{lat}}=M_{\text{long}}$。换句话说，为了防止三维图像失真，按比例 M 缩放全息图，则重建波长应为 $m\lambda_0$，其中 λ_0 为记录波长，而 $m=1/M$。这是 Gabor（1949）最初的想法，他在激光时代前首次提出了这一概念，以改进电子显微镜。电子显微镜是全息术发展的动力因素。

对于真正的三维全息电视这一远景，需要解决三维全息显示的几个问题。

1）空间频率分辨率问题（spatial frequency resolution issue）

为了进行三维显示，首先探讨空间光调制器的空间频率分辨率。为了简单起见，采用一个点源全息图作为在空间光调制器上显示的全息图。从前面的内容可知，这种全息图的表达式可由 $\sin\left[\frac{k_0}{2z_0}(x^2+y^2)\right]$ 给出，其中 z_0 为点源到记录设备的距离。全息图上沿

x 方向的局部空间频率由式（2.5.5）给出，且定义为

$$f_{\text{local}} = \frac{1}{2\pi}\frac{\mathrm{d}}{\mathrm{d}x}\left(\frac{k_0}{2z_0}x^2\right) = \frac{x}{\lambda_0 z_0}. \tag{4.2.6}$$

若全息图的通光孔径尺寸为 $x_{\max}$，则在 $x_{\max}$ 处的 f_{local} 为

$$f_{\max} = \frac{x_{\max}}{\lambda_0 z_0}, \tag{4.2.7}$$

这是全息图条纹的最高空间频率。现在假设空间光调制器空间分辨率的极大值为 f_0，则要记录 $f_{\max}$，必须满足 $f_0 = f_{\max}$ 的要求。现在，根据图 4.14 的几何图形，全息图的 NA 为

$$\sin(\theta/2) = x_{\max}/z_0, \tag{4.2.8}$$

式中，θ 为视场角（viewing angle）。利用式(4.2.7)，式(4.2.8) 变为

$$\text{NA} = \sin(\theta/2) = \lambda_0 f_{\max} = \lambda_0 f_0. \tag{4.2.9}$$

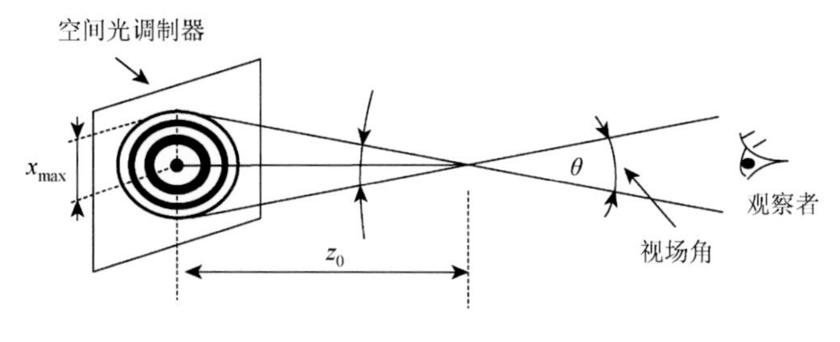

图 4.14　视场角

对于任意给定的空间光调制器的空间分辨率，可以根据式(4.2.9)求出其视场角。例如，Hamamatsu 的电子束寻址空间光调制器（EBSLM）的空间分辨率约为 $f_0 = 8\text{lp/mm}$，在 $\lambda_0 = 0.6328\mu\text{m}$ 时产生的视场角约为 0.6°。因此，这样的设备对于三维显示的应用是没有用的。然而，若希望获得一个连续的沿深度的二维显示，那么电子束寻址空间光调制器系统就足够了，因为它能够以视频速率更新全息图。表 4.1 给出了一些现有空间光调制器的视场角。由于当前空间光调制器的视场角非常有限，所以还没有适合三维显示的空间光调制器。如果使用离轴全息术，情况将变得更糟，因为还需要解决载波频率问题。可以知道，对于 45°的记录角，其载波频率约为 1000lp/mm，这远超出了现有空间光调制器的能力（表 4.1）。

表 4.1　$\lambda_0 = 0.6328\mu\text{m}$ 时的视场角

f_0 (空间光调制器的分辨率)/(lp/mm)	θ/(°)	设备/公司
8	0.6	EBSLM/Hamamatsu
100	6.8	PALSLM[①]/Hamamatsu
500	34	无供应

① 平行对准液晶空间光调制器（parallel aligned nematic liquid crystal spatial light modulator，PALSLM）。

2）空间分辨率问题（spatial resolution issue）

这里，计算一幅全息图被空间光调制器显示时所需的采样数。对于给定的空间频率分辨率（f_0）的空间光调制器，根据奈奎斯特定理采样（Nyquist sampling），要产生全息图所需的最小采样频率 f_s 为

$$f_s = 2f_0.$$

那么，生成 $l \times l$ 的全息图所需的采样数 N 为

$$N = (lf_s)^2 = (l \times 2f_0)^2 = \left(2l\frac{\text{NA}}{\lambda_0}\right)^2 \tag{4.2.10}$$

这里，利用了式(4.2.9)。由式(4.2.10)可知，对于全视差，在空间光调制器上将呈现出20mm×20mm 的同轴全息图，当视场角为 60°时，所需的可分辨率像素数约为 11 亿。一些最好的 CCD 相机，如佳能 D60（3072 像素×2048 像素，67.7lp/mm，7.4μm 的像素大小），仅有 600 万多点的像素。

3）数据传输问题（data transmission issue）

正如之前计算过的，一个视场角为 60°，大小为 20mm×20mm 的单帧全息图，需要大约 11 亿像素的空间光调制器。若要以 30 帧/s 的速度更新每帧 8 位分辨率的全息图，对于全视差，则串行数据速率为

11 亿个采样/帧×8 位/个采样×30 帧/s = 0.26Tbit/s

基本上，这里讨论的所有问题都说明了这样一个事实，即全息图中包含的信息量是巨大的。这就意味着，要实现三维全息电视的三维显示，必须大幅减少全息图中的信息内容。使用全息图的实时三维电视确实是一个棘手问题。然而，人们几乎是用双眼在水平方向看这个世界，所以通常需要满足水平视差。因此，对于 512 条垂直线，若要消除垂直视差，则所需的像素数为 $512 \times (2l \times 2\text{NA}/\lambda_0)$，这大概有 1700 万。通过牺牲垂直视差，数据速率可变为 4Gbit/s，而非全视差时的 0.26Tbit/s。这样就可以通过先进的现代光通信系统进行处理。如果使用光纤，那么在实际应用中确实能实现高达 40Gbit/s 的数据传输速率。如果水平视差电子全息记录技术成为可能，那么实时全息电视可能成为现实。事实上，通过使用计算机生成的仅有水平视差的全息信息，麻省理工学院（MIT）的研究小组已经演示了一个具有 64 条垂直线和大约 15°视场角的三维全息显示（St. Hilaire et al.，1990；St. Hilaire et al.，1992）。然而，MIT 的这种水平视差全息信息是由计算机制全息图生成的，并没有任何全息信息是由真实物体生成或记录。

若采用一个一维的时变菲涅耳波带板扫描物体，则仅由水平视差记录的光学扫描全息是可能的。这一想法称为水平视差光学扫描全息术（HPO-optical scanning holography），同时，相应的仿真（Poon et al.，2005；Poon，2006）也在计算机上实现。

4.3　光学扫描加密

随着近年来光学元件的发展和光学系统技术性能的提高，光学加密在安全应用方面具

有很大的发展潜力。事实上，已经有很多文章讨论了利用光学方法来处理安全系统的问题（Lohmann et al.，1986；Refregier and Javidi，1995；Lai and Neifeld，2000；Wang et al.，2000；Magensen and Gluckstad，2001）。使用光学加密的原因之一是需要被加密的图像等信息已经存在于光域中，另一原因是与电子或数字加密不同，光学加密在保护敏感信息时可提供很多自由度。当需要对大量信息进行加密时，如一个三维物体，使用光学加密方法可能是最合理的选择。尽管大多数光学加密技术通常是相干的，但也提出了一些用于加密的非相干光学技术（Tajahuerce et al.，2001）。一般来说，非相干光学技术相比相干光学技术有许多优点，包括具有更好的信噪比（S/N）且对光学元件失调不敏感。本节将针对加密讨论一种基于光学扫描全息的非相干光学方法，该方法称为光学扫描加密（optical scanning cryptography，OSC）（Poon et al.，2003）。在具有非相干处理能力的同时，该方法还具有许多其他的优点，总结起来为：①它是一种光学扫描方法，可以处理非相干物体，如打印文档不需要像现有的相干技术那样利用空间光调制器将非相干图像转换为相干图像，所以所提出系统确实可以进行实时或动态加密（on-the-fly encryption）；②由于输出信号为外差电信号，故其加密信息基于外差频率（或通信中使用的载波频率），所以可立即将其辐射到安全站点进行无线传输并存储，然后再进行加密，这可能在射频识别（radio frequency identification，RFID）中有重要应用（*Radio Frequency Identification Technologies：A Workshop Summary*，2004）；③由于该技术基于全息技术，因此可以很容易地扩展到三维信息加密技术。

图 4.15 是用于加密和解密的光学系统。该系统包含两个子系统：加密阶段和解密阶段。值得注意的是，这两个子系统都有一个相同的双瞳光学外差扫描图像处理器，这已在 3.4 节进行了研究。这里先简要总结之前图像处理器的结果，然后再讨论加密和解密。

若集中观察加密阶段的光学系统，则可以发现 $p_1(x,y)$ 和 $p_2(x,y)$ 这两个光瞳位于透镜的前焦面处，分别被时间频率为 ω_0 和 $\omega_0+\Omega$ 的两个宽激光束照射，这两束光由一个分束器合成，该合成光对位于距透镜后焦面 z^{c} 处的一个平面物体 $\left|\Gamma_0(x,y;z^{\mathrm{c}})\right|^2$ 进行二维扫描，其中，z^{c} 称为编码距离（coding distance），$\left|\Gamma_0(x,y;z^{\mathrm{c}})\right|^2$ 为要加密的对象。若物体是透明的，则光电探测器收集所有经过物体的透射光（若物体是漫反射的情况，则收集所有的散射光）。该光电探测器在频率 Ω 处将其外差电流作为其中一个输出（其中另一个输出是基带信号）。在 Ω 处进行电子调谐后，外差电流 $i_{\Omega}^{\mathrm{c}}(x,y,z^{\mathrm{c}})$ 由式(3.4.11)给出，其中，z 被编码距离 z^{c} 代替，即

$$\begin{aligned} i_{\Omega}^{\mathrm{c}}(x,y;z^{\mathrm{c}}) &= \mathrm{Re}\left[i_{\Omega_p}(x,y;z^{\mathrm{c}})\exp(\mathrm{j}\Omega t)\right] \\ &= \mathrm{Re}\left[\mathcal{F}^{-1}\left\{\mathcal{F}\left\{|\Gamma_0(x,y;z^{\mathrm{c}})|^2\right\}\mathrm{OTF}_{\Omega}(x,y;z^{\mathrm{c}})\right\}\exp(\mathrm{j}\Omega t)\right]. \end{aligned} \tag{4.3.1}$$

同样，$\mathrm{OTF}_{\Omega}(k_x,k_y;z^{\mathrm{c}})$ 称为外差扫描系统的光学传递函数，由式(3.4.10)给出，如下所示：

$$\begin{aligned} \mathrm{OTF}_{\Omega}(k_x,k_y;z^{\mathrm{c}}) &= \exp\left[\mathrm{j}\frac{z^{\mathrm{c}}}{2k_0}\left(k_x^2+k_y^2\right)\right] \\ &\quad\times\iint p_1^*(x',y')p_2\left(x'+\frac{f}{k_0}k_x,y'+\frac{f}{k_0}k_y\right)\exp\left[\mathrm{j}\frac{z^{\mathrm{c}}}{f}(x'k_x+y'k_y)\right]\mathrm{d}x'\mathrm{d}y'. \end{aligned} \tag{4.3.2}$$

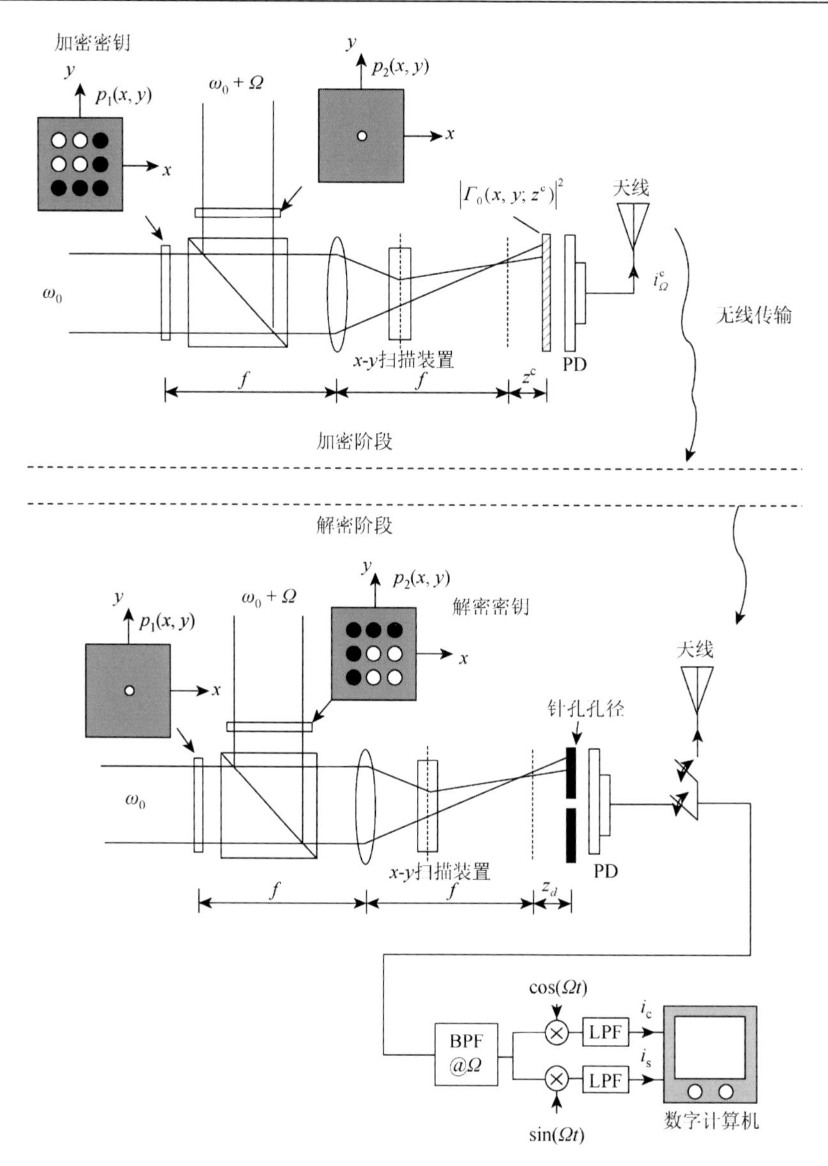

图 4.15　光学扫描加密（改自 Poon T C et al.，Applied Optics，2003，42：6496.）

式中，f 为图 4.15 中加密阶段的透镜焦距，其处理元素为两个光瞳函数 $p_1(x,y)$ 和 $p_2(x,y)$；$i_\Omega^c(x,y,z^c)$ 是输入 $\left|\Gamma_0(x,y,z^c\right|^2$ 被扫描和处理后的表示。通过对光瞳的操作，可得到不同处理后的输出，这是因为式(4.3.2)中的光学传递函数是用两个光瞳函数表示的。现在处理的信息由一个频率为 Ω 的时间载波携带，若 Ω 被选择在无线电频率域范围（就可以使用声光调制器进行处理），则处理过的信息就容易被辐射到一个安全站点（或一个解密的站点）进行后续处理，情况如图 4.15 所示。在接收到来自安全站点处天线的解密信息后（安全站点天线的输出被切换到带通滤波器的输入以进行电子处理），该信息将进一步被电子处理，如图 4.15 所示。也就是说，通过给输入信号乘以 $\cos(\Omega t)$ 和 $\sin(\Omega t)$，再经过低通滤波，可以分别得到 i_c 和 i_s 两个信号，分别由式(3.4.14a)和式(3.4.14b)给出，如下：

$$i_{\mathrm{c}}(x,y;z^{\mathrm{c}})=\mathrm{Re}\left\{\mathcal{F}^{-1}\left\{\mathcal{F}\left\{|\varGamma_0(x,y;z^{\mathrm{c}})|^2\right\}\mathrm{OTF}_{\Omega}(k_x,k_y;z^{\mathrm{c}})\right\}\right\} \tag{4.3.3a}$$

和

$$i_{\mathrm{s}}(x,y;z^{\mathrm{c}})=\mathrm{Im}\left\{\mathcal{F}^{-1}\left\{\mathcal{F}\left\{|\varGamma_0(x,y;z^{\mathrm{c}})|^2\right\}\mathrm{OTF}_{\Omega}(k_x,k_y;z^{\mathrm{c}})\right\}\right\}. \tag{4.3.3b}$$

若现在以如下方式对上式使用加法：$i(x,y,z^{\mathrm{c}})=i_{\mathrm{c}}(x,y,z^{\mathrm{c}})+\mathrm{j}i_{\mathrm{s}}(x,y,z^{\mathrm{c}})$，就可得到一个复数表达式，即得到处理后物体的全部振幅和相位信息：

$$i(x,y;z^{\mathrm{c}})=\mathcal{F}^{-1}\left\{\mathcal{F}\left\{|\varGamma_0(x,y;z^{\mathrm{c}})|^2\right\}\mathrm{OTF}_{\Omega}(k_x,k_y;z^{\mathrm{c}})\right\}. \tag{4.3.4}$$

1. 加密（encryption）

现在，从式(4.3.4)开始讨论加密。在加密阶段，要对位于距透镜后焦面 z^{c} 处的输入物体 $\left|\varGamma_0(x,y,z^{\mathrm{c}}\right|^2$ 进行加密，一般可对两个光瞳 $p_1(x,y)$ 和 $p_2(x,y)$ 进行操作。举个简单的例子，让 $p_2(x,y)=\delta(x,y)$，即一个针孔，保持 $p_1(x,y)$ 不变，情况如图 4.15 所示。称 $p_1(x,y)$ 为加密密钥（encryption key）。在这些条件下，根据式(4.3.2)，该系统的光学传递函数为

$$\mathrm{OTF}_{\Omega}(k_x,k_y;z^{\mathrm{c}})=\exp\left[-\mathrm{j}\frac{z^{\mathrm{c}}}{2k_0}\left(k_x^2+k_y^2\right)\right]p_1^*\left(\frac{-f}{k_0}k_x,\frac{-f}{k_0}k_y\right), \tag{4.3.5}$$

而式(4.3.4)变为

$$i\left(x,y;z^{\mathrm{c}}\right)=\mathcal{F}^{-1}\left\{\mathcal{F}\left\{|\varGamma_0(x,y;z^{\mathrm{c}})|^2\right\}\exp\left[-\mathrm{j}\frac{z^{\mathrm{c}}}{2k_0}\left(k_x^2+k_y^2\right)\right]p_1^*\left(\frac{-f}{k_0}k_x,\frac{-f}{k_0}k_y\right)\right\}. \tag{4.3.6}$$

式中，$i(x,y;z^{\mathrm{c}})$ 为编码或加密后的物体，可被数字计算机存储。从中可以发现，$\left|\varGamma_0(x,y,z^{\mathrm{c}}\right|^2$ 的频谱被乘了两项。由于物体的频谱与 $\exp\left[-\mathrm{j}\frac{z^{\mathrm{c}}}{2k_0}\left(k_x^2+k_y^2\right)\right]$ 项的乘积对应于 $\left|\varGamma_0(x,y,z^{\mathrm{c}}\right|^2$ 的全息图频谱[式(3.5 9)]，所以物体被记录在距离透镜焦面 z^{c} 的位置处，这就解释了式(4.3.6)为被 p_1 加密和编码了的物体的全息信息（或全息图），即“加密物体的全息图”。编码全息信息的想法最早由 Schilling 和 Poon（1995）在光学扫描全息的背景下探索和提出。

2. 解密（decryption）

在对物体进行编码或加密后，需要对其进行解码或解密。为了做到这一点，需求助于安全站点的光学系统。同样可以发现，除了对光瞳的选择，光学系统是相同的，在解密阶段，激光束扫描位于距透镜后焦面 z^{d} 处的一个针孔作为物体，即 $\left|\varGamma_0(x,y,z^{\mathrm{d}})\right|^2=\delta(x,y;z^{\mathrm{d}})$，其中，$z^{\mathrm{d}}$ 称为解码距离（decoding distance）。

但是，如图 4.15 所示，这次接口开关被连接到安全站点光学系统的输出端。通过电处理，光电探测器的输出将被处理。式(4.3.4)的结果可以再次应用，但用 z^{d} 代替 z^{c}。现在选择 $p_1(x,y)=\delta(x,y)$，即一个针孔，保持 $p_2(x,y)$ 不变，$p_2(x,y)$ 称为解密密钥（decryption key）。根据式(4.3.2)，选择该光瞳可得到如下的光学传递函数，即

$$\mathrm{OTF}_{\Omega}(k_x,k_y;z^{\mathrm{d}})=\exp\left[\mathrm{j}\frac{z^{\mathrm{d}}}{2k_0}\left(k_x^2+k_y^2\right)\right]p_2\left(\frac{f}{k_0}k_x,\frac{f}{k_0}k_y\right). \tag{4.3.7}$$

利用式(4.3.4)，且有 $\mathcal{F}\left\{\left|\Gamma_0(x,y,z^{\mathrm{c}})\right|^2\right\}=1$，有

$$i(x,y;z^{\mathrm{d}})=\mathcal{F}^{-1}\left\{\exp\left[\mathrm{j}\frac{z^{\mathrm{d}}}{2k_0}\left(k_x^2+k_y^2\right)\right]p_2\left(\frac{f}{k_0}k_x,\frac{f}{k_0}k_y\right)\right\}. \tag{4.3.8}$$

这是在解密阶段生成的输出，其中解密密钥已在该阶段被植入，并扫描针孔。然后，这些信息被存储在数字计算机中，以便之后通过无线传输的方式对来自加密站点的信息进行解密。为了对式(4.3.6)所表示的信息进行解密，提出了如图 4.16 所示的数字解密单元（DDU）。

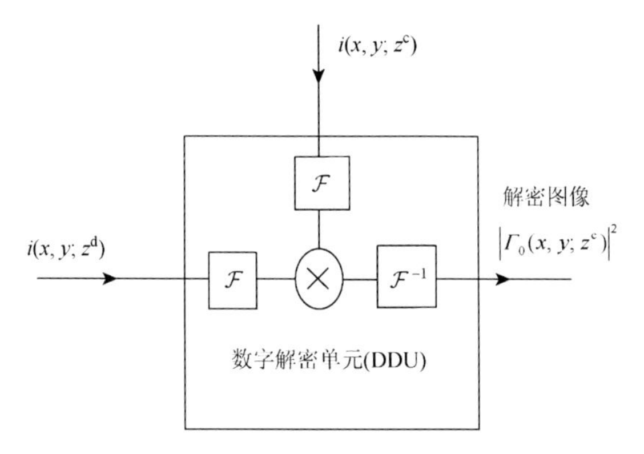

图 4.16　数字解密单元（DDU）[$i(x,y;z^{\mathrm{c}})$ 是通过无线传输从加密站点发送的在加密阶段植入加密密钥 $p_1(x,y)$ 的加密信息；$i(x,y;z^{\mathrm{d}})$ 是将解密密钥 $p_2(x,y)$ 植入扫描阶段来对针孔孔径扫描从而在解密站点生成的信号. 改自 Poon T C et al.，Applied Optics，2003，42：6496.]

同样，$i(x,y;z^{\mathrm{c}})$ 是加密阶段通过无线方式传输的被加密信息，而 $i(x,y;z^{\mathrm{d}})$ 是在解密站点生成的信息。利用式(4.3.6) 和式(4.3.8)，可得到该单元的输出为

$$\begin{aligned}\text{DDU的输出}&\propto\mathcal{F}^{-1}\left\{\mathcal{F}\left\{i(x,y;z^{\mathrm{c}})\right\}\times\mathcal{F}\left\{i(x,y;z^{\mathrm{d}})\right\}\right\}\\&=\mathcal{F}^{-1}\left\{\mathcal{F}\left\{|\Gamma_0(x,y;z^{\mathrm{c}})|^2\right\}\exp\left[-\mathrm{j}\frac{z^{\mathrm{c}}}{2k_0}\left(k_x^2+k_y^2\right)\right]p_1^*\left(\frac{-f}{k_0}k_x,\frac{-f}{k_0}k_y\right)\right.\\&\qquad\left.\times\exp\left[\mathrm{j}\frac{z^{\mathrm{d}}}{2k_0}\left(k_x^2+k_y^2\right)\right]p_2\left(\frac{f}{k_0}k_x,\frac{f}{k_0}k_y\right)\right\}\\&=\left|\Gamma_0(x,y;z^{\mathrm{c}})\right|^2.\end{aligned} \tag{4.3.9}$$

以上要同时满足条件：① $z^{\mathrm{d}}=z^{\mathrm{c}}$，也就是说，加密阶段的编码距离与解密阶段的解码距离相等；② $p_1^*(-x,-y)p_2(x,y)=1$。简单地说，若条件②已经满足，则条件①仅表明全息重建是聚焦的。对于任意的 $z^{\mathrm{d}}\neq z^{\mathrm{c}}$，有离焦图像重建。条件②允许在加密阶段选择加密密钥 $p_1(x,y)$ 的函数形式，在解密站点选择解密密钥 $p_2(x,y)$ 的函数形式。作为一个简单的例子，相位键的选择比较有效，这将在下面的示例中说明这一点。

例 4.2　光学扫描加密的 MATLAB 例子

作为一个简单的例子，可以发现选择随机相位掩模是一个很好的加密密钥，即令 $p_1(x,y)=\exp[\mathrm{j}2\pi M(x,y)]$，其中 $M(x,y)$ 是区间（0.0, 1.0）均匀分布的随机数的函数。同样，$p_2(x,y)=\delta(x,y)$，即针孔是加密阶段的另一个光瞳。对于该光瞳的选择，式（4.3.6）的加密图像变为

$$i(x,y;z^{\mathrm{c}})=\mathcal{F}^{-1}\left\{\mathcal{F}\{|\Gamma_0(x,y;z^{\mathrm{c}})|^2\}\exp\left[-\mathrm{j}\frac{z^{\mathrm{c}}}{2k_0}\left(k_x^2+k_y^2\right)\right]\exp\left[-\mathrm{j}2\pi M\left(\frac{-fk_x}{k_0},\frac{-fk_y}{k_0}\right)\right]\right\}. \tag{4.3.10}$$

如果将原始文档乘以一个随机相位掩模 $\exp[\mathrm{j}2\pi r(x,y)]$，其中，$r(x,y)$ 为随机数的函数，那么可使上述加密信息更加安全。通过利用式（4.3.10），则整个加密图像可变为

$$\begin{aligned}i(x,y;z^{\mathrm{c}})=\mathcal{F}^{-1}\Big\{&\mathcal{F}\{|\Gamma_0(x,y;z^{\mathrm{c}})|^2\exp[\mathrm{j}2\pi r(x,y)]\}\\&\times\exp\left[-\mathrm{j}\frac{z^{c}}{2k_0}\left(k_x^2+k_y^2\right)\right]\exp\left[-\mathrm{j}2\pi M\left(\frac{-fk_x}{k_0},\frac{-fk_y}{k_0}\right)\right]\Big\}.\end{aligned} \tag{4.3.11}$$

这种用于获得上述加密图像的技术称为双随机相位编码（double-random phase encoding）（Refregier and Javidi，1995）。下面利用 MATLAB 对这种编码进行仿真。可以发现，$r(x,y)$ 和 $M(x,y)$ 应该被选为两个独立的随机函数。

表 4.2 包含本例仿真的 m-文件。图 4.17(a)为原始文档 $\left|\Gamma_0(x,y,z^{\mathrm{c}}\right|^2$。图 4.17(b)和图 4.17(c)为原始文档的实部和虚部乘以一个随机相位掩模 $\exp[\mathrm{j}2\pi r(x,y)]$，紧贴原始文档前方放置。图 4.17(d)为加密文件的“强度” $\left|i(x,y;z^{\mathrm{c}})\right|$，这是由公式(4.3.11)计算得到的，其中 m-文件中使用了 $\mathrm{sigma}=(zc*ld)/(4*pi)=(30)*(0.6*10^{-6})/4\pi$ [式(4.3.11)中，$\mathrm{sigma}=z^{\mathrm{c}}/2k_0$]。

表 4.2　Cryptography.m：用于仿真光学扫描加密的 m-文件

```
%Cryptography.m
%Simulation of Optical Encryption and Decryption
%This program was adapted from the one developed by Taegeun Kim
%of Sejong Univ., Korea
clear
%L : Normalized length of back ground (field of view)
L=1;
%Dl: Physical field of view in this simulation 20% of L
Dl=0.02;
%N : sampling number
N=255;
% dx : step size
dx=L/N;
%Unit Axis Scaling
%Normalized length and Spatial Frequency according to the Normalized length
for k=1:256
X(k)=1/255*(k-1)-L/2;
Y(k)=1/255*(k-1)-L/2;
%Kx=(2*pi*k)/(N*dx)
```

续表

```
%k is sampling number, N is number of sample,
%in our case, N=255, dx=1/255(unit length)
Kx(k)=(2*pi*(k-1))/(N*dx)-((2*pi*(256-1))/(N*dx))/2;
Ky(k)=(2*pi*(k-1))/(N*dx)-((2*pi*(256-1))/(N*dx))/2;
end
%Real length and real spatial frequency
X=Dl*X;
Y=Dl*Y;
Kx=Kx./Dl;
Ky=Ky./Dl;
%Read Input image, image size must be 575x577x3
%for the program to function properly
CH1=imread('vt.bmp','bmp');
CH1=CH1(:,:,1);
[x,y]=meshgrid(1:577,1:575);
[xi,yi]=meshgrid(1: 2.2539:577,1:2.2461:575);
CH1p=double(CH1);
I0=interp2(x,y,CH1p,xi,yi);
I0=double(I0);
I0=I0./max(max(I0)); %Image to be encrypted
M=rand(256);
M2=rand(256);
%Encryption key in frequency domain,
%the last term in Eq. (4.3-10)
P=exp(-j*2*pi*M2);
RPM=exp(j*2*pi*M); %random phase mask, exp(j*2*pi*r(x,y))
R1=I0.*RPM;%Random phase mask times the image
%OTF(kx,ky;zc)
%sigma=z/(2Ko)=(z*ld)/(4*pi)
%where Ko is the wave number, z is the distance from the source
%and ld is the wavelength of the source
ld=0.6*10^-6; % wavelength=ld=0.6*10^-6
zc=0.3; %coding distance
sigma=(zc*ld)/(4*pi);
for r=1:256,
for c=1:256,
OTF(r,c)=exp(-j*sigma*(Kx(r).^2+Ky(c).^2));
end
end
for r=1:256,
for c=1:256,
OTF2(r,c)=exp(-j*1.5*sigma*(Kx(r).^2+Ky(c).^2));
end
end
%Fourier transformation
FR=(1/256)^2*fft2(R1);
FR=fftshift(FR);Ho=FR.*OTF;
%Encrypted image in the frequency domain
E=Ho.*P;
%Encrypted image in the space domain
e=ifft2(E); %Eq. (4.3-10)
%Key info for decryption key is achieved by scanning the pin hole that is
%located at z=zc
Key_info=conj(OTF.*P); % Fourier transform of Eq. (4.3-11),zd=zc
Key_info2=conj(OTF2.*P); % Fourier transform of Eq. (4.3-11), zd=1.5zc
%Different random phase
M3=rand(256);
P1=exp(j*2*pi*M3);
```

续表

```
Key_info_mis=conj(OTF.*P1);% Fourier transform of Eq. (4.3-11) but with a wrong
phase key
%Decrypted image with matched key in the frequency domain
De=E.*Key_info;
%Decrypted image with matched key in the frequency domain
%but with twice distance of zc
De2=E.*Key_info2;
%Decrypted image with matched key in the space domain
de=ifft2(De); %Eq. (4.3-12)
%Decrypted image with matched key in the space domain
%but with zd=1.5 zc
de2=ifft2(De2); %Eq. (4.3-12)
%Decrypted image with mis_matched key in the frequency domain
De_mis=E.*Key_info_mis;
%Decrypted image with mis_matched key in the space domain
de_mis=ifft2(De_mis);
figure(1)
image(X,Y,256*I0);
colormap(gray(256));
axis square
title('image to be encrypted')
axis off
figure(2)
image(X,Y,255*real(R1));
colormap(gray(256));
axis square
title('Real part of the image multiplied by random phase mask')
axis off
figure(3)
image(X,Y,255*imag(R1));
colormap(gray(256));
axis square
title('Imaginary part of the image multiplied by random phase mask')
axis off
figure(4)
image(X,Y,255*abs(e)/max(max(abs(e))))
colormap(gray(256))
axis square
title('Intensity of encrypted image')% absolute value of Eq. (4.3-10)
axis off
figure(5)
image(X,Y,255*abs(de)/max(max(abs(de))));
colormap(gray(256));
axis square
title('Intensity of decrypted image with matched key with zd=zc')
axis off
figure(6)
image(X,Y,255*abs(de_mis)/max(max(abs(de_mis))));
colormap(gray(256));
axis square
title('Intensity of decrypted image with mismatched key with zd=zc')
axis off
figure(7)
image(X,Y,255*abs(de2)/max(max(abs(de2))));
colormap(gray(256));
axis square
title('Intensity of decrypted image with matched key with zd=1.5zc')
axis off
```

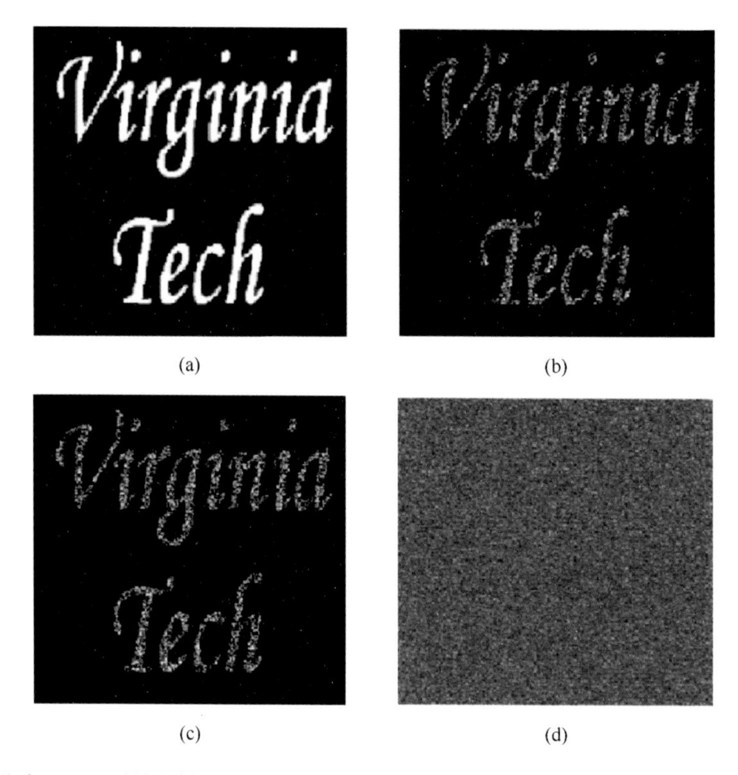

图 4.17　加密仿真：（a）原始文档；（b）图像乘以随机相位掩模的结果取实部；（c）图像乘以随机相位掩模的结果取虚部；（d）加密文件的强度

对于解密，需在解密阶段通过扫描距离透镜后焦面 z^{d} 处的针孔物体来获得信息，其中光瞳 $p_1(x,y)=\delta(x,y)$，而 $p_2(x,y)=\exp[\mathrm{j}2\pi M(x,y)]$，这满足前面讨论的条件②。根据式(4.3.8)，拟存储在数字计算机中扫描的输出变为

$$i(x,y;z^{\mathrm{d}})=\mathcal{F}^{-1}\left\{\exp\left[\mathrm{j}\frac{z^{\mathrm{d}}}{2k_0}\left(k_x^2+k_y^2\right)\right]\exp\left[\mathrm{j}2\pi M\left(\frac{-fk_x}{k_0},\frac{-fk_y}{k_0}\right)\right]\right\}. \tag{4.3.12}$$

根据图 4.16，当从式(4.3.11)和式(4.3.12)所得的信息为 DDU 的输入时，其输出如下

$$\begin{aligned}\text{DDU的输出}&\propto\mathcal{F}^{-1}\Big\{\mathcal{F}\left\{|\Gamma_0(x,y;z^{\mathrm{c}})|^2\exp[\mathrm{j}2\pi r(x,y)]\right\}\\&\quad\times\exp\left[-\mathrm{j}\frac{z^{\mathrm{c}}}{2k_0}\left(k_x^2+k_y^2\right)\right]\exp\left[\mathrm{j}\frac{z^{\mathrm{d}}}{2k_0}\left(k_x^2+k_y^2\right)\right]\Big\}\\&=\left|\Gamma_0(x,y;z^{\mathrm{c}})\right|^2\exp[\mathrm{j}2\pi r(x,y)],\end{aligned} \tag{4.3.13}$$

以上结果是在当 m-文件中使用的 sigma 与加密时所用的相同时成立的，即理论上 $z^{\mathrm{d}}=z^{\mathrm{c}}$。解密后的输出强度，即 DDU 输出的绝对值，如图 4.18(a) 所示。如果解密密钥的选择错误（如估计为随机相位掩模），那么图 4.18(b) 为其不可用的输出强度。最终，当解密密钥正确使用且当估计或选择的 sigma 或 z^{d} 错误时，如 $z^{\mathrm{d}}=1.5z^{\mathrm{c}}$，那么 DDU 输出的绝对值如图 4.18(c) 所示，这是图 4.18(a) 的离焦情况。从图中可以看到，z^{c} 和 z^{d} 的引入提供了额外的安全措施。

(a)

(b)

(c)

图 4.18　解密仿真：（a）密钥匹配且 $z^{\mathrm{d}}=z^{\mathrm{c}}$ 的解密文件强度；（b）密钥不匹配且 $z^{\mathrm{d}}=z^{\mathrm{c}}$ 的解密文件强度；（c）密钥匹配但 $z^{\mathrm{d}}=1.5z^{\mathrm{c}}$ 的解密文件强度

参考文献

4.1 Agard, D. A. (1984). "Optical sectioning microscopy: cellular architecture in three dimensions," *Ann. Rev. Biophys. Bioeng.* 13, 191-219.

4.2 Benton, S.A. (1991). "Experiments in holographic video," *Proc. SPIE* IS-08, 247-267.

4.3 Brown, H. B., S.C. Noble and B.V. Markevitch (1983). Three-dimensional television system using holographic technique, *U.S. Patent* # 4,376,950.

4.4 Corle, T. R. and G. S. Kino (1996). *Confocal Scanning Optical Microscopy and Related Imaging Systems*, Academic Press, San Diego, CA.

4.5 Enloe, L. H., J.A. Murphy, and C. B. Rubinstein (1966). "Hologram transmission via television," *Bell Syst. Techn. J.* 45, 333-335.

4.6 Gabor, D. (1949). "Microscopy by reconstructed wavefronts," *Proc. Roy. Soc., ser. A*, 197, 454-487.

4.7 Hamamatsu Photonics K.K., Japan, and Hamamatsu Corp., Bridgewater, NJ. Image Processing and Measuring System (IPMS), Model DVS-3010/SS.

4.8 Hamamatsu Photonics K.K., Japan, and Hamamatsu Corp., Bridgewater, NJ. Product information sheet for EBSLM model X3636.

4.9 Huang, D., E.A. Swanson, C. P. Lin, J.S. Shuman, W.G. Stinson, W. Chang, M.R. Hee, T. Flotte, K. Gregory, C.A. Puliafito, and J. G. Fujimoto (1991)."Optical coherent tomography," *Science*, Vol. 254, 1178-1181.

4.10 Indebetouw, G. (2002)."Properties of a scanning holographic microscope: improved resolution, extended depth of focus, and/or optical sectioning,"*Journal of Modern Optics* 49, 1479-1500.

4.11 Indebetouw, G., T. Kim, T.-C. Poon, and B. Schilling (1998). "Three-dimensional location of fluorescent inhomogeneities in turbid media using scanning heterodyne holography,"*Optics Letters* 23, 135-137.

4.12 Indebetouw, G. and W. Zhong (2006) "Scanning holographic microscopy of three- dimensional fluorescent specimens," *Journal of the Optical Society of America* A 23, 1699-1707.

4.13 Kim, M (2000)"Tomographic three-dimensional imaging of a biological specimen using wave-scanning digital interference holography,"*Optics Express* 7, 305-310.

4.14 Kim, T and T.-C. Poon (1999)."Extraction of 3-D location of matched 3-D object using power fringe-adjusted filtering and Wigner analysis," *Optical Engineering* 38, 2176-2183.

4.15 Kirk, R. L. (1984). Electronically generated holography, *International Patent* No.WO 84/00070.

4.16 Lai, S. and M. A. Neifeld (2000)."Digital wavefront reconstruction and its applications to image encryption,"*Optics Communications* 178, 283-289.

4.17 Lohmann, A.W., W. Stork, and G. Stucke (1986), "Optical perfect shuffle," *Applied Optics* 25 , 1530-1531.

4.18 Macovski, A. (1971). "Considerations of television holography," *Optica Acta*, 18, 31-39.

4.19 Magensen, P.C. and J. Gluckstad (2001). "Phase-only optical decryption of a fixed mask," *Applied Optics* 8, 1226-1235.

4.20 Minsky, M. (1961). Microscopy Apparatus, *US Patent* # 3,013,467.

4.21 Pawley, J. ed. (1995). "Fundamental limits in confocal microscopy," in chapter 2 of *Handbook of Biological Confocal Microscopy*, 2nd ed., Plenum Press.

4.22 Poon, T.-C. (2002a)."Three-dimensional television using optical scanning holography,"*Journal of Information Display* 3, 12-16.

4.23 Poon, T.-C. (2002b). "Optical scanning holography: principles and applications," in *Three-Dimensional Holographic Imaging*, C.J. Kuo and M. H. Tsai, ed., John Wiley & Sons, Inc.

4.24 Poon, T.-C. (2005). "Three-dimensional optical remote sensing by optical scanning holography," Current Research on Image Processing for 3D information displays, sponsored by SPIE Russia Chapter, V. Petrov, ed., *Proc. SPIE*, Vol. 5821, 41-59.

4.25 Poon, T.-C. (2006)." Horizontal-parallax-only optical scanning holography,"in chapter 10 of *Digital Holography and Three-Dimensional Display: Principles and Applications*, T.-C. Poon ed., Springer, New York, USA.

4.26 Poon, T.-C, K. Doh, B. Schilling, M. Wu, K. Shinoda, and Y. Suzuki (1995). "Three-dimensional microscopy by optical scanning holography,"*Optical Engineering* 34, 1338–1344.

4.27 Poon, T.-C., K. Doh, B. Schilling, K. Shinoda, Y. Suzuki, and M. Wu (1997). "Holographic three-dimensional display using an electron-beam-addressed spatial- light-modulator," *Optical Review* 567-571.

4.28 Poon, T.-C. and T. Kim (1999). "Optical image recognition of three-dimensional objects," *Applied Optics* 38, 370-381.

4.29 Poon, T.-C., B. D. Schilling, G. Indebetouw, and B. Storrie (2000). Three- dimensional holographic fluorescence microscopy, *U.S. Patent* # 6,038,041.

4.30 Poon, T.-C., T. Kim, and K. Doh (2003) "Optical scanning cryptography for secure wireless transmission," *Applied Optics* 42, 6496-6503.

4.31 Poon, T.-C., T. Akin, G. Indebetouw and T. Kim (2005). "Horizontal-parallax-only electronic holography," *Optics Express* 13, 2427-2432.

4.32 Poon, T.-C. and T. Kim (2006). *Engineering Optics with MATLAB®*, World Scientific, Singapore.

4.33 Radio Frequency Identification Technologies: A Workshop Summary (2004). *The National Academies Press*, Washington, D.C.

4.34 Refregier P. and B. Javidi (1995) "Optical image encryption using input and Fourier plane random phase encoding," *Optics Letters* 20, 767-769.

4.35 Schilling, B. W. and T.-C. Poon (1995). "Real-time pre-processing of holographic information," *Optical Engineering* 34, 3174-3180.

4.36 Schilling,B.W. (1997). “Three-dimensional fluorescence microscopy by optical scanning holography,” Ph.D. dissertation, Virginia Tech.

4.37 Schilling,B.W., T.-C. Poon, G. Indebetouw, B. Storrie, K. Shinoda, and M. Wu (1997). “Three-dimensional holographic fluorescence microscopy,” *Optics Letters* 22, 1506-1508.

4.38 Schilling, B.W. and T.-C. Poon (2004). Multicolor electronic holography and 3-D image projection system, *Patent* # 6760134. U.S.

4.39 Shinoda, K., Y. Suzuki, M. Wu and T.-C. Poon (1991). Optical heterodyne scanning type holography device, *Patent* # 5064257. U.S.

4.40 St. Hilaire, P., S. A. Benton, M. Lucente, M. Jepsen, J. Kollin, H. Yoshikawa, and J. Underkoffler (1990).“Electronic display system for computational holography,” *Proc. SPIE*, vol. 1212, 174-182.

4.41 St. Hilaire, P., S. A. Benton, and M. Lucente (1992). Synthetic aperture holography: a novel approach to three-dimensional displays, *Journal of the Optical Society of America A* 9, 1969-1977.

4.42 Sun, P and J. -H. Xie (2004). Method for reduction of background artifacts of images in scanning holography with a Fresnel-zone-plate coded aperture, *Applied Optics* 43, 4214-4218.

4.43 Tajahuerce, E., J. Lancis, B. Javidi, and P. Andres (2001). Optical security and encryption with totally incoherent light, *Applied Optics* 26, 678-680.

4.44 Wang, B, C.-C. Sun, W.-C. Su, and A. Chiou (2000). Shift-tolerance property of an optical double-random phase-encoding encryption system, *Applied Optics* 39, 4788-4793.

4.45 Wilson, T. and C. Sheppard (1984). *Theory and Practice of Scanning Optical Microscopy* , Academic Press.

4.46 Zhang, T. and I. Yamaguchi (1998). Three-dimensional microscopy with phase shifting digital holography, *Optics Letters* 23, 1221-1223.

第 5 章　光学扫描全息术进展

5.1　相干和非相干全息处理

第 4 章讨论了光学扫描全息术的一些应用。光学扫描全息术由第 3 章讨论的双瞳光学外差扫描图像处理器实现（图 3.11）。到目前为止，所有关于光学扫描全息术应用的讨论都局限于非相干图像处理，即被处理的物体是非相干的，并由此发明了三维荧光显微术和遥感等重要应用。然而，相干三维成像是定量相位对比成像（quantitative phase-contrast imaging）领域中处理器在生物成像的一个重要扩展（Cuche et al.，1999）。

本节讨论如何配置（或广义化）图像处理器，以使其在相干模式下工作，即处理物体的振幅而非强度。为了全面分析图像处理器，使用第 2 章讨论的傅里叶光学。

如图 5.1 所示为广义化的处理器及其用于光学扫描三维物体的常用双瞳装置。与图 3.11 的标准装置相比可以发现，傅里叶变换透镜 L_2 和掩模 $M(x,y)$ 为系统中另加的元件。将三维物体建模为一叠横向切片，其中每个切片很薄且为弱散射，用振幅透射率 $T(x,y;z)$ 表示。将三维物体置于傅里叶变换透镜 L_2 前方，$M(x,y)$ 是位于透镜 L_2 后焦平面处的掩模。光电探测器收集透过掩模传输的光，并将经过处理和扫描的电流 $i(t)$ 作为系统的输出。最后，为了进行通常的多路复用电子检测，带通滤波器将被调至 Ω 以给出外差电流 $i_{\Omega}(t)$。通过傅里叶光学可概述基于扫描物体来获取 $i(t)$ 的过程。

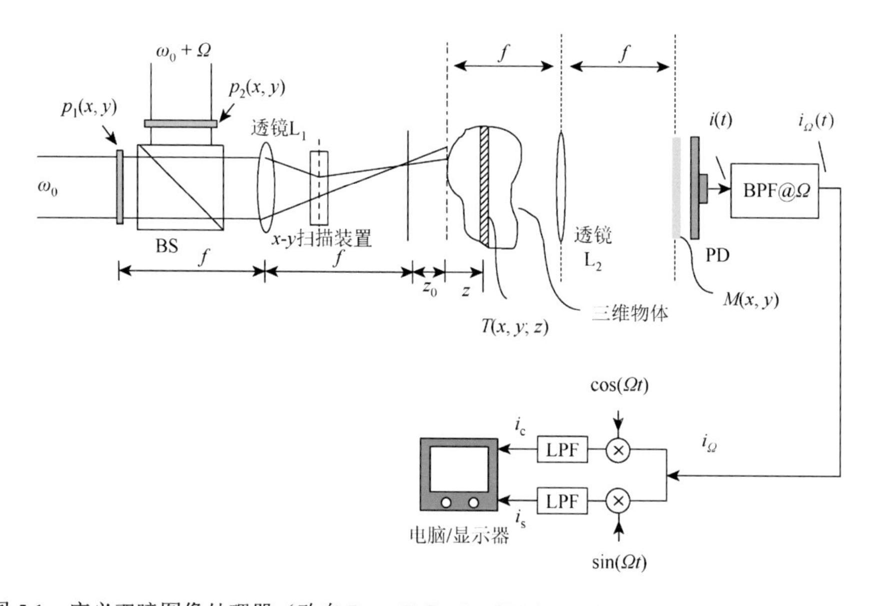

图 5.1　广义双瞳图像处理器（改自 Poon T C，J. of Holography Speckle，2004，1：6-25）

紧靠物体切片前方的 z 点处，光场的振幅分布为

$$P_1(x,y;z+z_0)\exp(\mathrm{j}\omega_0 t)+P_2(x,y;z+z_0)\exp\left[\mathrm{j}(\omega_0+\Omega)t\right]. \tag{5.1.1a}$$

根据菲涅耳衍射，可得

$$P_i(x,y;z+z_0)=\mathcal{F}\left\{p_i(x,y)\right\}_{k_x=\frac{k_0 x}{f},k_y=\frac{k_0 y}{f}} * h(x,y;z+z_0). \tag{5.1.1b}$$

这里，$i=1$ 或 2；$p_i(x,y)$ 为图 5.1 中的光瞳函数。

根据 3.1 节介绍的光学扫描原理，紧贴物体切片后方的光场为

$$\begin{aligned}\chi(x',y',x,y;z)=&\left\{P_1(x',y';z+z_0)\exp(\mathrm{j}\omega_0 t)\right.\\&\left.+P_2(x',y';z+z_0)\exp\left[\mathrm{j}(\omega_0+\Omega)t\right]\right\}T(x'+x,y'+y;z),\end{aligned} \tag{5.1.2}$$

式中，$x=x(t)$ 和 $y=y(t)$ 为相对于入射光振幅分布的物体的二维瞬时位置。该光场经傅里叶变换透镜 L_2 的传输到达掩模 $M(x,y)$。根据式(2.4.5)，忽略一些无关紧要的常数，则紧靠掩模前方的光场为

$$\exp\left[-\mathrm{j}\frac{k_0 z}{2f^2}\left(x_m^2+y_m^2\right)\right]\times\iint\chi(x',y',x,y;z)\exp\left[\mathrm{j}\frac{k_0}{f}(x'x_m+y'y_m)\right]\mathrm{d}x'\mathrm{d}y',$$

这里，式(2.4.5)中设 $d_0=f-z$，得到积分前的相位因子。x_m 和 y_m 为掩模平面上的坐标。上述光场是由单个物体切片引起的。对于一个三维物体，需将上述光场对三维物体在厚度 z 上进行积分，以求得紧靠掩模前方的总光场。这就变成了下面的表达式：

$$\int\exp\left[-\mathrm{j}\frac{k_0 z}{2f^2}\left(x_m^2+y_m^2\right)\right]\iint\chi(x',y',x,y;z)\exp\left[\mathrm{j}\frac{k_0}{f}(x'x_m+y'y_m)\right]\mathrm{d}x'\mathrm{d}y'\mathrm{d}z.$$

将上式乘以掩模，则掩模之后的光场分布为

$$\begin{aligned}\psi(x,y;x_m,y_m)=&\left\{\int\exp\left[-\mathrm{j}\frac{k_0 z}{2f^2}\left(x_m^2+y_m^2\right)\right]\iint\chi(x',y',x,y;z)\exp\left[\mathrm{j}\frac{k_0}{f}(x'x_m+y'y_m)\right]\mathrm{d}x'\mathrm{d}y'\mathrm{d}z\right\}\\&\times M(x_m,y_m).\end{aligned}$$

最后，对强度响应的光电探测器对强度进行空间积分，得到输出电流 $i(t)$：

$$i(t)\propto\int\left|\psi(x,y;x_m,y_m)\right|^2\mathrm{d}x_m\mathrm{d}y_m.$$

$i(t)$ 由基带电流和频率为 Ω 的外差电流组成。经过一些处理，外差电流 $i_\Omega(t)$ 在带通滤波器的输出处（图 5.1）变为

$$\begin{aligned}i_\Omega(t)\propto\int&\left[P_1(x',y';z'+z_0)P_2^*(x'',y'';z''+z_0)\exp(-\mathrm{j}\Omega t)\right.\\&\left.+P_2(x',y';z'+z_0)P_1^*(x'',y'';z''+z_0)\exp(\mathrm{j}\Omega t)\right]\\&\times\exp\left\{\mathrm{j}\frac{k_0}{f}\left[x_m(x'-x'')+y_m(y'-y'')\right]\right\}\\&\times\exp\left[-\mathrm{j}\frac{k_0(z'-z'')}{2f^2}\left(x_m^2+y_m^2\right)\right]T(x'+x,y'+y;z')\\&\times T^*(x''+x,y''+y;z'')\left|M(x_m,y_m)\right|^2\times\mathrm{d}x'\mathrm{d}y'\mathrm{d}x''\mathrm{d}y''\mathrm{d}z'\mathrm{d}z''\mathrm{d}x_m\mathrm{d}y_m.\end{aligned} \tag{5.1.3}$$

该外差电流包含被扫描和处理过的三维物体信息。通过选择指定的光瞳函数 $p_1(x,y)$、

$p_2(x,y)$，以及位于透镜 L_2 后焦面处的掩模 $M(x,y)$，可以实现不同的处理。根据 Indebetouw 等（2000）的计算，双瞳扫描系统的相干性可以通过改变掩模 $M(x_m,y_m)$ 被修改。这里将根据 $M(x_m,y_m)=1$ 和 $M(x_m,y_m)=\delta(x,y)$ 来总结式(5.1.3)的结论。

当为开口掩模，即 $M(x,y)=1$ 时，式（5.1.3）变为

$$i_\Omega(t) \propto \mathrm{Re}\left[\int P_1^*(x',y';z+z_0)P_2(x',y';z'+z_0)\times\left|T(x'+x,y'+y;z)\right|^2 \mathrm{d}x'\mathrm{d}y'\mathrm{d}z\, \exp(\mathrm{j}\Omega t)\right]. \tag{5.1.4}$$

该方程与式(3.4.5)基本一致，对应于非相干处理，因为只有强度值，即 $|T|^2$ 被处理。但可以发现，该强度可被其中的两个光瞳函数 $p_1(x,y)$ 和 $p_2(x,y)$ 处理。

另外，对于中心位于轴上的针孔掩模，即 $M(x,y)=\delta(x,y)$ 时，式(5.1.3)变为

$$\begin{aligned} i_\Omega(t) \propto \mathrm{Re}\Big[&\left[\int P_2(x',y';z'+z_0)T(x'+x,y'+y;z')\mathrm{d}x'\mathrm{d}y'\mathrm{d}z'\right] \\ &\times\left[\int P_1^*(x'',y'';z''+z_0)T^*(x''+x,y''+y;z'')\mathrm{d}x''\mathrm{d}y''\mathrm{d}z''\right]\exp(\mathrm{j}\Omega t)\Big]. \end{aligned}$$

对于一个特定情况，若令 $p_1(x,y)=\delta(x,y)$，即其中一束扫描光束为均匀平面波，而保持 $p_2(x,y)$ 不变，则 $\int_{-\infty}^{\infty} P_1^*(x'',y'',z''+z_0)T^*(x''+x,y''+y,z'')\mathrm{d}x''\mathrm{d}y''\mathrm{d}z''$ 为常数，那么上式变为

$$i_\Omega(t) \propto \mathrm{Re}\left[\int\left[P_2(x',y';z+z_0)T(x'+x,y'+y;z)\mathrm{d}x'\mathrm{d}y'\mathrm{d}z\right]\exp(\mathrm{j}\Omega t)\right]. \tag{5.1.5}$$

可以看到，可通过光瞳函数 $p_2(x,y)$ 来处理物体的振幅透射率，公式(5.1.4)和式(5.1.5)表示广义双瞳外差扫描图像处理器的重要结果。通过将检测模式由针孔变换为空间积分检测，能够将三维物体成像过程的相干性从强度上的线性[式(5.1.4)]变换为振幅上的线性[式(5.1.5)]，通过改变掩模大小，可以实现对三维部分的相干图像处理（3-D partial coherent image processing）（Poon and Indebetouw，2003）。

将式(5.1.4)和式(5.1.5)合并，有以下重要结果

$$i_\Omega(t) \propto \mathrm{Re}\left[i_{\Omega_p}(x,y)\exp(\mathrm{j}\Omega t)\right]. \tag{5.1.6a}$$

其中，对于 $M(x,y)=\delta(x,y)$ 和 $p_1(x,y)=\delta(x,y)$，有以下相干处理方程，即

$$i_{\Omega_p}(x,y)=\int P_2(x',y';z+z_0)T(x'+x,y'+y;z)\mathrm{d}x'\mathrm{d}y'\mathrm{d}z. \tag{5.1.6b}$$

对于 $M(x,y)=1$，有非相干处理方程，即

$$i_{\Omega_p}(x,y)=\int P_1^*(x',y';z+z_0)P_2(x',y';z+z_0)\times\left|T(x'+x,y'+y;z)\right|^2 \mathrm{d}x'\mathrm{d}y'\mathrm{d}z. \tag{5.1.6c}$$

同样，T 和 $|T|^2$ 是被扫描的输入物体，它可以是一个复振幅物体或强度物体。$i_\Omega(t)$ 为光电探测器在时间频率 Ω 下扫描和处理后的外差输出电流，而 $i_{\Omega_p}(x,y)$ 一般为复函数。因此，外差电流 $i_\Omega(t)$ 的幅值和相位携带了完整的处理信息。

通常在多路复用电子检测下，可根据图 5.1 对扫描和处理后的电流进行解调，得到以下两个输出：

$$i_{\mathrm{c}}(x,y) \propto \left|i_{\Omega_p}(x,y)\right|\sin\theta \tag{5.1.7a}$$

和

$$i_{\mathrm{s}}(x,y) \propto \left|i_{\Omega_p}(x,y)\right| \cos\theta, \tag{5.1.7b}$$

式中，$i_{\Omega_p}(x,y)=\left|i_{\Omega_p}(x,y)\right|\exp\left[\mathrm{j}\theta(x,y)\right]$。根据式(5.1.6)，处理操作可以通过选择光瞳 $p_1(x,y)$ 和/或 $p_2(x,y)$ 来执行。

这些重要结果为非常规图像的处理开辟了新途径。首先，对相干处理进行了实验评估（Indebetouw et al.，2006）；其次，它具有对三维相干图像进行处理的能力。在非相干处理的情况下，可进行三维复非相干图像处理（3-D complex incoherent image processing）。“三维”一词表示被处理对象具有三维特性，而“复数”表示强度物体的处理元素可用复函数来表示[式(5.1.4)，处理元素为 $P_1^*P_2$]。因此，这里提到了三维光学图像处理中一些几乎未被探索的话题（Poon and Indebetouw，2003）。

例 5.1　相干模式下的全息记录

对于相干处理，可使用式(5.1.6b)。一般来说，$T(x,y,z)$ 是通过选择 $p_2(x,y)$ 来处理的。对于一个简单的全息记录，选择 $p_2(x,y)=1$。对于这一选择，根据式(5.1.1b)，并利用表 1.1 和式(2.3.11)，$P_2(x,y;z+z_0)$ 变为

$$\begin{aligned}
P_2(x,y;z+z_0) &= \mathcal{F}\left\{p_2(x,y)\right\}_{k_x=\frac{k_0x}{f},k_y=\frac{k_0y}{f}} * h(x,y;z+z_0) \\
&= 4\pi^2\delta\left(\frac{k_0x}{f},\frac{k_0y}{f}\right) * \left\{\exp\left[-\mathrm{j}k_0(z+z_0)\right]\frac{\mathrm{j}k_0}{2\pi(z+z_0)}\exp\left[\frac{-\mathrm{j}k_0(x^2+y^2)}{2(z+z_0)}\right]\right\} \\
&\propto \exp\left[-\mathrm{j}k_0(z+z_0)\right]\frac{\mathrm{j}k_0}{2\pi(z+z_0)}\exp\left[\frac{-\mathrm{j}k_0(x^2+y^2)}{2(z+z_0)}\right].
\end{aligned} \tag{5.1.8}$$

将式(5.1.8)代入式(5.1.6b)，可以得到

$$\begin{aligned}
i_{\Omega_p}(x,y) &= \int \exp\left[-\mathrm{j}k_0(z+z_0)\right]\frac{\mathrm{j}k_0}{2\pi(z+z_0)}\exp\left[\frac{-\mathrm{j}k_0(x'^2+y'^2)}{2(z+z_0)}\right]T(x'+x,y'+y;z)\mathrm{d}x'\mathrm{d}y'\mathrm{d}z \\
&= \int \exp\left[-\mathrm{j}k_0(z+z_0)\right]\frac{\mathrm{j}k_0}{2\pi(z+z_0)}\left[\left\{\exp\left[\frac{-\mathrm{j}k_0(x^2+y^2)}{2(z+z_0)}\right]\right\}^* \otimes T(x,y;z)\right]\mathrm{d}z.
\end{aligned}$$

根据相关性的定义，利用式(1.2.5)，可将上述积分写成卷积的形式，即

$$\begin{aligned}
i_{\Omega_p}(x,y) = \int &\exp\left[-\mathrm{j}k_0(z+z_0)\right]\frac{\mathrm{j}k_0}{2\pi(z+z_0)} \\
&\times\left[\left\{\exp\left[\frac{-\mathrm{j}k_0(x^2+y^2)}{2(z+z_0)}\right]\right\} * T(x,y;z)\right]\mathrm{d}z.
\end{aligned} \tag{5.1.9}$$

通过将其与式(3.5.5)给出的非相干情况进行比较可以发现，这相当于相干信息 $T(x,y;z)$ 的全息记录。事实上，由式(5.1.9)可知，其中有 $T(x,y;z)$ 的复菲涅耳波带板全息图（Fresnel zone plate hologram）。

5.2　单光束扫描与双光束扫描

最近，通过考虑偏振效应、高数值孔径和广义化的照明波前，对光学扫描全息术在三维显微术中的适用性进行评估（Swoger et al.，2002）。在低数值孔径系统中，光在传播过程中的偏振保持不变。当使用高数值孔径透镜时，则需考虑偏振。广义化的照明是指使用与两束扫描光束相关联的两个光瞳。理想情况下，其中一个光瞳是δ函数，而另一个是单位 1。这在物体上分别有一个平面波和一个球面波。对于任意的光瞳函数，在物体上有一个广义的照明波前[实际上，如式(5.1.4)指出了一个事实，那就是物体$|T(x,y;z)|^2$是被$P_1^*P_2$照亮的，所以就提供了一个广义的照明]。

当考虑理想情况下的平面波和球面波时，作者还使用了“参考光束”和“物光束”这两个术语。此外，相比于双光束扫描（double-beam scanning），一种单光束扫描技术也被提出。光学扫描全息术中的双光束扫描指的是一个平面波和一个球面波合成后被用于栅格扫描的厚的样品，而单光束扫描（single-beam scanning）指的是只有其中一束光波来扫描，另一束光波相对于样品保持不动。图 5.2 为光学扫描全息术扫描装置的示意图。在进行单光束扫描时，反射镜 M_1 扫描，反射镜 M_2 固定。在进行双光束扫描时，M_2 用于扫描，M_1 固定。物体和掩模分别置于透镜 L_2 的前焦面和后焦面。这与图 5.1 的情况相对应。在下一节中，将总结 Swoger 等的一些观察结果。

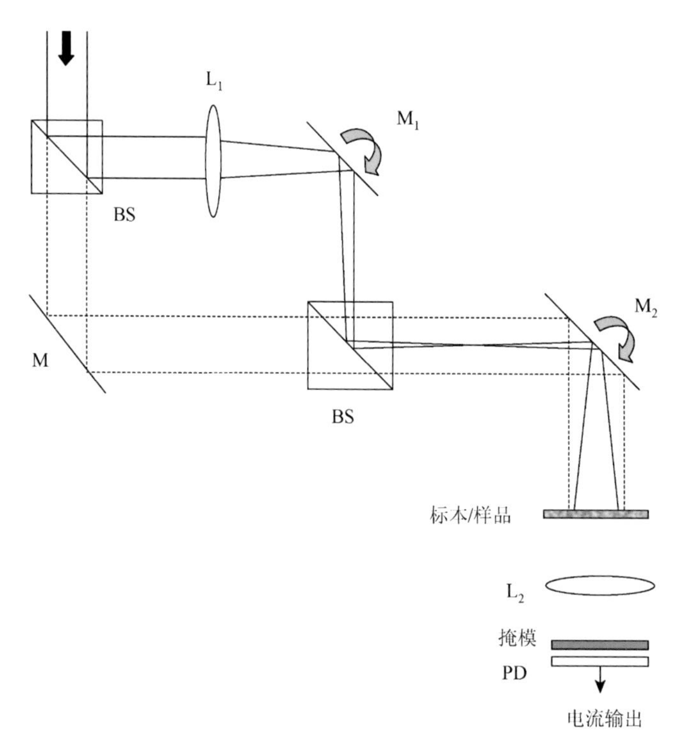

图 5.2　光学扫描全息术的扫描装置（M：反射镜，M_1、M_2：扫描镜，BS：分束镜，L_1、L_2：透镜；PD：光电探测器）

无论两束扫描光束的偏振方向如何，双光束扫描都非常适合在非相干模式（探测器前的掩模为开口状态）下进行光学扫描全息。然而，为了在相干模式（探测器前的掩模为针孔）下获取全息信息，需要有一个均匀的平面波作为物体上的扫描光束之一。无论如何，若参考波为均匀平面波，而物波是与该平面波偏振方向相一致的，则其结果可归纳为 Indebetouw 等（2000）在 2000 年得出的结论。另外，在相干模式下进行单光束扫描时，不需要参考波是均匀的，且其偏振方向也不需要恒定。这里的参考波是指没有进行扫描的光束。然而，当试图获得全息信息时，非相干模式受参考波为恒定偏振方向的限制。因此，这两种扫描装置各有其优缺点，在未来的工作中，应该真正实现具有高数值孔径的光学扫描全息系统，该系统能够在荧光和相位对比中观察活体生物标本。最近，在相干模式下工作的光学扫描全息系统已经实现了测试其相位对比度（Indebetouw et al.，2006）。在结束本节之前，这里还想指出，最近的实验已经利用单光束扫描对其进行验证（Chien et al.，2006）。他们认为术语“扫描全息术”和“合成孔径光学”本质上是可以互换的，因为这两种技术都意味着保相扫描。事实上，早在 20 世纪 70 年代末，Poon 和 Korpel（1979）在其文章中就指出，扫描全息记录类似于合成孔径雷达（synthetic-aperture radar）。

5.3 PSF 工 程

正如 3.6 节所指出的，光学扫描全息术的基本原理是通过栅格扫描物体来获得全息信息，从而简单地创建一个时变菲涅耳波带板，这可以通过 3.4 节中讨论的双瞳外差图像处理器（two-pupil heterodyne image processor）来实现。在该处理器中，设两个光瞳面上的光瞳函数分别为 $p_1(x,y)=1$ 和 $p_2(x,y)=\delta(x,y)$，如图 5.3(a)所示，则在距位于透镜焦点 C 的 z_0 处的扫描光束强度可由式(3.6.1)给出：

$$I_{\text{scan}}(x,y;t)=\left|a\exp\left[\mathrm{j}(\omega_0+\Omega)t\right]+\frac{\mathrm{j}k_0}{2\pi z_0}\exp\left[-\frac{\mathrm{j}k_0(x^2+y^2)}{2z_0}\right]\exp(\mathrm{j}\omega_0 t)\right|^2$$
$$=A+B\sin\left[\frac{k_0}{2z_0}(x^2+y^2)+\Omega t\right]. \tag{5.3.1}$$

据了解，这两个光瞳相应的时间频率是不同的。其扫描光束强度为时变菲涅耳波带板，示意图如图 5.3(a)所示。

若物体为一个针孔，即数学上是一个 δ 函数，则电子检测（如乘以 $\cos\Omega t$ 且经低通滤波）后的输出可由式(3.6.3)给出，如下：

$$i_c(x,y)\sim\sin\left[\frac{k_0}{2z_0}(x^2+y^2)\right]. \tag{5.3.2}$$

对于单通道来说，上述结果是一个针孔物体的全息图。为了简单起见，这里不考虑因与 $\sin\Omega t$ 相乘和低通滤波而产生的信道。全息图在平面波的照射下，在距全息图前方的 z_0 处会聚焦一个实像。如果全息图有一个半径为 r 的有限孔径，那么其 NA 为 r/z_0，并给

出了 λ_0/NA 作为重建点源的分辨率。该重建点源即为所考虑系统的点扩散函数（point spread function，PSF）。现在，通过处理光瞳函数的形式，可以根据自己认为合适的方式修改系统的点扩散函数，这被称为 PSF 工程（PSF-engineering）（Martinez-Corral，2003）。

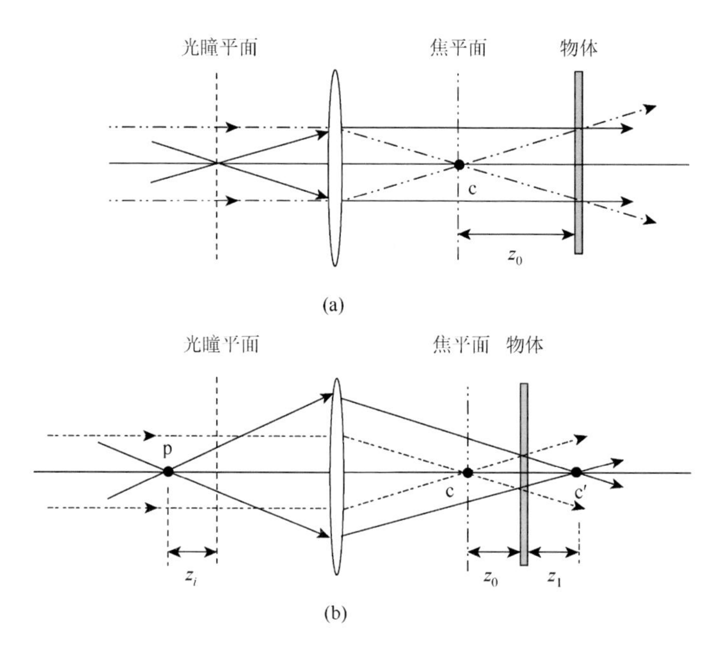

图 5.3　用于光学扫描全息的不同光束示意图；（a）以时变菲涅耳波带板作为扫描光束的光学扫描全息；（b）相反曲率的扫描球面波的光学扫描全息（改自 Poon T C，J. of Holography and Speckle，2004，1：6）

考虑如下情况。与之前一样，令 $p_1(x,y)=1$，$p_2(x,y)=\exp\left[-\dfrac{\mathrm{j}k_0(x^2+y^2)}{2z_i}\right]$。下面将在这种光瞳的条件下求其点扩散函数。

通常选择 $p_1(x,y)=1$，因为这样可以在距离透镜焦平面 z_0 处的物体上产生一个球面波，这对应于式(5.3.1)中的 $\dfrac{\mathrm{j}k_0}{2\pi z_0}\exp\left[-\dfrac{\mathrm{j}k_0(x^2+y^2)}{2z_0}\right]\exp(\mathrm{j}\omega_0 t)$ 项，情况如图 5.3(b)所示。在式(5.3.1)中，对于上述给定的 $p_2(x,y)$ 求出式(5.3.1)中的 a。可以发现，$a(x,y)$现在是 x 和 y 的函数，经过透镜的傅里叶变换[式(2.4.6)]和距离为 z_0 的菲涅耳衍射后[式(2.3.12)]，由于 $p_2(x,y)$，在物体上的场分布为

$$\begin{aligned}a(x,y)&=\mathcal{F}_{xy}\left\{p_2(x,y)\right\}_{k_x=\frac{k_0x}{f},k_y=\frac{k_0y}{f}}*h(x,y;z_0)\\&=\mathcal{F}_{xy}\left\{\exp\left[-\frac{\mathrm{j}k_0(x^2+y^2)}{2z_i}\right]\right\}_{k_x=\frac{k_0x}{f},k_y=\frac{k_0y}{f}}*h(x,y,z_0),\end{aligned}\qquad(5.3.3)$$

式中，f 为透镜的焦距。上面的傅里叶变换可在表 1.1 中找到，然后进行卷积，省去一些常数，可得结果如下：

$$a(x,y)=\frac{\mathrm{j}k_0}{2\pi z_1}\exp\left[\frac{\mathrm{j}k_0}{2z_1}(x^2+y^2)\right]. \tag{5.3.4}$$

可以发现，$a(x,y)$既可以被聚焦波前，也可以发散波前到标本上，这取决于被聚焦点即p点的位置。在图5.3(b)中，可以证明点C'是聚焦点p的像点，而且是会聚波前照亮标本（见例2.4的球面波），在这种情况下曲率半径z_1为正。在成像条件下，通过对点p或距离z_1的合理定位，z_i值可以被设计出来，使

$$\frac{1}{f+z_i}+\frac{1}{f+z_0+z_1}=\frac{1}{f}. \tag{5.3.5}$$

因此，可以设计具有不同曲率半径的$p_2(x,y)$。

对于选择$z_i=2f$且$z_0=z_1=f/4$，式(5.3.5)可被满足。由于$z_0=z_1$，用有相反曲率的球面波照亮样品。因此，由式(5.3.4)且$z_0=z_1$可知，其扫描光束强度变为

$$\begin{aligned}I_{\text{scan}}(x,y;t)&\propto\left|\exp\left[\frac{\mathrm{j}k_0}{2z_0}(x^2+y^2)\right]\exp\left[\mathrm{j}(\omega_0+\Omega)t\right]+\exp\left[-\frac{\mathrm{j}k_0}{2z_0}(x^2+y^2)\right]\exp(\mathrm{j}\omega_0t)\right|^2\\&=A'+B'\sin\left[\frac{k_0}{2(z_0/2)}(x^2+y^2)+\Omega t\right],\end{aligned} \tag{5.3.6}$$

式中，A'和B'为常数。以上扫描光束给出

$$i_{\mathrm{c}}(x,y)\sim\sin\left[\frac{k_0}{z_0}(x^2+y^2)\right] \tag{5.3.7}$$

作为所选定光瞳的新全息图。根据式(5.3.7)给出的全息图的实像重建，可以看到图像在$z_0/2$距离处形成。对于有限孔径大小r的全息图，类似于标准的光学扫描装置，其数值孔径现在为$r/(z_0/2)$。它将$\lambda_0/(2\mathrm{NA})$作为重建点源的分辨率，即新的点扩散函数。该结果意味着对于相同的全息孔径，为了获得横向分辨率超过孔径瑞利极限2倍的全息重建，至少在低数值孔径的极限下，可合成光学扫描全息中的点扩散函数。事实上，Indebetouw（2002）已经对此进行了研究，最近的光学实验也证实了这一点（Indebetouw et al.，2005）。到目前为止，测试的其他光瞳并未进行实验验证，其中包括已用于实现光学层析的锥透镜（axicons）光瞳，也只是进行了仿真（Indebetouw et al.，2006）。

通常情况下，光瞳的任意复振幅分布可通过使用掩模、折射或衍射光学元件（diffractive optical elements，DOEs）以及允许动态变化的空间光调制器来合成。对于本例中的$p_2(x,y)=\exp\left[-\frac{\mathrm{j}k_0(x^2+y^2)}{2z_0}\right]$，可通过将点源放置在光瞳平面前方$z_i$处的方法实现，如图5.3(b)所示。总而言之，双瞳法在合成非传统的点扩散函数用于潜在的新应用时提供了广泛的可能性，其中一个新的应用就是超分辨率（super-resolution）（Indebebuw et al.，2007）。

参 考 文 献

5.1 Chien, W.-C., D. S. Dilworth, E. Liu, and E. N. Leith (2006). “Synthetic-aperture chirp confocal imaging,” *Applied Optics* 45, 501-510.

5.2 Cuche, E., F. Bevilacqua, and C. Depeursinge (1999). “Digital holography for quantitative phase-contrast imaging,” *Optics Letters* 24, 291-293.

5.3 Indebetouw, G. (2002). “Properties of a scanning holographic microscope: improved resolution, extended depth of focus, and/or optical sectioning,” *Journal of Modern Optics* 49, 1479-1500.

5.4 Indebetouw, G., P. Klysubun, T. Kim, and T.-C. Poon (2000). “Imaging properties of scanning holographic microscopy,” *Journal of the Optical Society of America A* 17, 380-390.

5.5 Indebetouw, G., A. El Maghnouji, and R. Foster (2005). “Scanning holographic microscopy with transverse resolution exceeding the Rayleigh limit and extended depth of focus,” *Journal of the Optical Society of America A* 22, 829-898.

5.6 Indebetouw, G., Y. Tada and J. Leacock (2006). “Quantitative phase imaging with scanning holographic microscopy: an experimental assessment,” available at http://www.biomedical-engineering-online.com/content/5/1/63.

5.7 Indebetouw, G., W. Zhong, and D. Chamberlin-Long (2006). “Point-spread function synthesis in scanning holographic microscopy,” *Journal of the Optical Society of America A* 23, 1708-1717.

5.8 Indebetouw, J., Y. Tada, J. Rosen, and G. Brooker (2007). “Scanning holographic microscopy with resolution exceeding the Rayleigh limit of the objective by superposition of off-axis holograms,” *Applied Optics*, to appear.

5.9 Martinez-Corral, M. (2003). “Point spread function engineering in confocal scanning microscopy,” *Proceedings of SPIE*, Vol. 5182, 112-122.

5.10 Poon, T.-C. and A. Korpel (1979). “Optical transfer function of an acousto-optic heterodyning image processor,” *Optics Letters* 4, 317-319.

5.11 Poon, T.-C. (2004). “Recent progress in optical scanning holography,” *Journal of Holography and Speckle* 1, 6-25.

5.12 Poon, T.-C. and G. Indebetouw (2003). “Three-dimensional point spread functions of an optical heterodyne scanning image processor,” *Applied Optics* 42, 1485-1492.

5.13 Swoger, J., M. Martínez-Corral, J. Huisken, and E. H. K. Stelzer (2002). “Optical scanning holography as a technique for high-resolution three-dimensional biological microscopy,” *Journal of the Optical Society of America A* 19, 1910-1918.

中英文对照

A

acousto-optic frequency shifter 声光移频器
acousto-optic modulator 声光调制器
angular frequency 角频率
aperture 孔径
axicon 锥透镜

B

bitmap 位图
Bragg angle 布拉格角

C

carrier 载波
coding process 编码过程
coherent point spread function 相干点扩散函数
coherent transfer function 相干传递函数
complex amplitude 复振幅
conservation of energy 能量守恒
conservation of momentum 动量守恒
constitutive relations 本构关系
continuity equation 连续方程
convolution 卷积
correlation 相关
  auto- 自
  cross- 互
current 电流
  baseband 基带
  heterodyne 外差

D

decoding process 解码过程
decryption 解密
depth of field 景深
depth of focus 焦深
detection 检测
  electronic multiplexing 电子多路复用
  lock-in 锁相
  optical coherent 光学相干
  optical incoherent 光学非相干
diffracting screen 衍射屏
display 显示
  3-D 三维
distance 距离
  coding 编码
  decoding 解码

E

electric field 电场
encoding 编码
  double-random phase 双随机相位
encryption 加密
  on-the-fly 动态

F

filtering 滤波
  bandpass 带通
  lowpass 低通
  spatial 空间
Fourier optics 傅里叶光学

G

H

I

K

L

lateral resolution 横向分辨率
linearity 线性
liquid crystal television 液晶电视
lock-in detection 锁相检测

M

magnetic field 磁场
magnification 放大率
  lateral 横向
  longitudinal 纵向
  holographic 全息
Maxwell's equations 麦克斯韦方程组
medium 介质
  homogeneous 均匀的
  isotropic 各向同性的
  linear 线性的
microscopy 显微术
  fluorescence 荧光
  optical sectioning 光学切片
  scanning confocal 扫描共焦
  scanning holographic 扫描全息
mixing 混合
modulator 调制器
  acousto-optic 声光
  electron-beam-addressed spatial light 电子束寻址空间光

N

numerical aperture 数值孔径
Nyquist sampling 奈奎斯特定理采样

O

optical coherent detection 光学相干检测
optical coherent tomography (OCT) 光学相干层析成像
optical direct detection 光学直接检测
optical heterodyning 光学外差
optical incoherent detection 光学非相干检测
optical pattern recognition 光学模式识别
optical scanning 光学扫描
optical scanning cryptography 光学扫描加密
optical scanning holography 光学扫描全息
  HPO- 水平视差
optical transfer function(OTF) 光学传递函数

P

parallax 视差
paraxial approximation 傍轴近似
pattern recognition 模式识别
phase 相位
phase curvature 相位弯曲/相位曲率
phase grating 相位光栅
phasor 相量
phonon 声子
photo-bleaching 光漂白
photon 光子
planar wavefront 平面波前
Planck's constant 普朗克常数
Pockels effect 泡克耳斯效应
point spread function (PSF) 点扩散函数
  bipolar 双极
  coherent 相干
  complex 复
  intensity 强度
principle of conservation of charge 电荷守恒定律
processing 处理
  coherent holographic 相干全息

W

wave 波
  diverging spherical 发散球面
  object 物
  plane 平面
  reconstruction 重建
  reference 参考
  spherical 球面
wavelength scaling 波长缩放

Z

zero-order beam 零级光